佛系育兒

放下過度努力
讓爸媽更輕鬆

給在育兒路上精疲力竭的你

我們為什麼要讀育兒的書啊？

「因為很想好好養育孩子嘛！」可能大多數人都會說出這樣的答案。

看來我問得太簡單了。

好，那麼我再問一個問題：育兒書籍實際上真的有幫到你嗎？

讀得越多，是否卻莫名地越感到沒有自信？擔心還變多了呢？

擔心這麼多，其實也無法讓各位爸媽們放寬心，不是嗎？

各式各樣的育兒資訊和育兒商品，就是看中父母們的這種心態而提出像這類的主張——

「想要讓孩子擁有豐富的創意力嗎？跟他講話時要像這樣……」

「為了孩子的情緒發展，請利用ＸＸ來幫助他！」這類文案本身都寫得很有吸引力，結論也都相當正面。都會強調小孩將來會很有創意啦，情感會很豐富啦之類的。但是站在當事者的立場，聽起來卻不是這麼一回事。

「做爸媽的應該要怎樣怎樣，小孩才會變得怎樣怎樣。」被這類文字洪水淹沒時，我們作父母的內心都感到相當鬱悶。這種話聽起來就是在暗示：「如果我們不照做，就是對小孩不好。」

「請積極地陪伴孩子玩耍。與孩子在一起的時間質大於量，這點很重要。」

↓但我真的沒辦法時時刻刻陪伴孩子玩耍欸！那這樣等於是我冷落孩子的意思嗎？

「孩子出生後三十六個月內，都是培養親子依附關係的重要時間。需要提供孩子具有安全感的養育環境。」

↓那我是否該放棄職場生活呢？我的孩子個性相當敏感，是不是就是因為孩子在這段期間不是我親自照顧的，才會變成這樣呢？

「如果孩子個性比較畏縮而有交友困難，請為孩子製造交朋友的機會。」

↓如果我不為孩子挺身而出，是不是我的孩子就注定會被霸凌？我的個性也是偏向膽小類型的，我真的能幫上忙嗎？

各位看了有什麼感覺嗎？我個人是非常討厭這類的文字敘述，因為看了會感到內心很煎熬。「這些話有什麼根據嗎？如果不那樣做，我的孩子真的會完蛋嗎？」說真的聽了之後，內心反而產生這種反抗的質疑。但就算這樣，也很難假裝閉上眼睛沒看到的樣子。搞得人心神不寧、思緒混亂。

諸如此類被世人所推崇的「育兒標準」，對我來說，要做到真的是相當吃力。每當這種時候我都試著透過育兒書籍尋求答案，但明明都照著書上去做了，卻沒有達成效果。最詭異的是，我越看這些書籍，就越看見自己的不足，而且問題絲毫沒有好轉。多年以來，我不管看什麼育兒書籍，都脫離不了「我是六十分爸媽」的標籤。可是坦白來說，我幾乎完全沒有遵照育兒書籍的方針來執行。我覺得要是全部都按照育兒書上所說的來養孩子，我的小孩好像會很難好好成長。

因此後來我開始覺得很生氣。即使什麼都不做，腦袋也已經感到很複雜又辛苦的要命，再加上這些從四面八方來的聲音，讓煩惱根本是雪上加霜。而且這些人還說著「這都是為了父母和孩子好啊！」然而，無謂的擔心是多麼地耗費能量啊！如果是「真正」為了父母和孩子而提供建議，就應該要讓人少一些擔心，不是嗎？

所以，我決定開始執筆寫下這本書。因為我很想告訴全天下的父母：「沒什麼好擔心的！」開始撫養孩子之後就會發現，不管是我們家或別人家都差不多，大概就只有父母們自己緊張兮兮，實際上孩子還不是都好好地長大了。之前遵守那些好像非遵守不可的育兒方針，結果現在看來，就有種「當初到底為什麼會擔心成這樣？我何苦啊～」的感覺，絕大多數的狀況都是這樣，讓人哭笑不得。

被高山一般的育兒方針搞到精疲力竭的各位，今天真的是看對書了！本書會告訴各位哪些事情其實「不做也沒關係」！各種傳說中能把小孩教得聰明乖巧有禮貌的父母必做絕招，到底是真是假？這裡也會一併提供客觀資料根據，讓大家能一探究竟。

覺得育兒很辛苦的朋友們也請過來吧！這裡有能比較容易解決問題的方法。

「該不會只有對你來說很容易吧？」可能會有人這樣問我。喔，各位別擔心！首先，我的體力是大家公認超差的那種。再來，我家小孩個性跟我很像，非常敏感又挑剔。我並不是經歷過什麼輕鬆育兒的過程才寫下這本書的，書裡面都是我在整整十年的育兒泥淖裡，又哭又笑的真實經歷，不是什麼教科書指南啦！請大家安心服用囉！

我真摯地期盼這本書能為大家帶來育兒方面的幫助。當各位養小孩養到很痛苦的時候，在書櫃上的眾多書本中，希望這裡成為能讓您喘口氣的小天地。我很想幫助大家找到一種游刃有餘的感受，可以給自己親愛的孩子一個笑容。如果做到這種程度，小孩自然而然會好好長大。這不就是身為父母們一直在追求的終極目標嗎？若能如此，我們已經別無所求了。

那麼現在就跟我一起放下所有負擔、擔心和不安，進入佛系育兒的世界吧！

PART 03 以佛系育兒改變管教——保持溫柔而堅定的態度，不被失控的情緒左右！

PART 04 以佛系育兒改變自己——除了一百分爸媽之外，還有其他讓自己快樂的選擇！

1

以佛系育兒改變生活——

不符合標準也沒關係，能堅持到底就是好爸媽！

PART 01

如果真心愛孩子，現在就請停止努力！

在養育小孩的過程中，我們真的承受了無與倫比的龐大壓力。從二十幾歲到三十幾歲的單身人生中，光一個人生活就已經壓力重重了，更別說如今多出一個連吃一口飯都不能沒有人照顧的小孩，那壓力之大可想而知。

小孩在行動上比較笨拙，也不懂得拿筷子湯匙吃飯，洗澡、大小便擦屁股等事情都不會，而且還超會跌倒。每次開車帶小孩，要下車時都得鑽進車子裡把他抱下車；而且為了還不太會走路的小孩，外出都必須推著嬰兒車走來走去。

不只如此，在精神方面也是壓力山大。「這個是什麼？為什麼？把拔～～馬麻～～你知道這是什麼嗎？」隨時隨地都要面對小孩的問題轟炸，一直問個不停，根本沒完沒了。還有，要是小王子小公主們稍微有什麼不滿意，接下來就會迎來他們用盡洪荒之力的嚎啕大哭。

為人父母，我們還得身兼健康管理護理師以及情緒勞動工作者的角色，而且這工作永無止盡。每天在家的樣子都狼狽不堪，況且還要做家事，感覺幾個身體都不夠用。

而且不知從何時開始，對著鏡子裡的那張臉龐經常怒氣沖沖。想來個笑容，卻沒有能笑得出來的餘地。一聽到小孩叫「把拔～馬麻～」的聲音時，沉重的負擔感就席捲而來。我每次對著親愛的小孩和先生大吼之後，就會有種「既然這樣，我為什麼要結婚生小孩？」的罪惡感。

有時很想乾脆逃走算了。這種生活到底要持續到什麼時候？我對此感到相當恐懼。但同時也突然感到好奇：明明本來是想要變得幸福才結婚生小孩的，而且坦白說，我每天也真的很努力在過生活了，那到底為什麼！為什麼現在我卻感到很不幸啊？

唉，可是又不能把心裡不幸的感覺表現出來，因為人家都說作父母的不可以有黯淡的表情嘛！大家都說父母要幸福，小孩才會幸福啊！所以擠出微笑又變成當爸媽的另一個附加任務了。

「說真的我根本連笑的力氣都沒有啊！累都快累死了耶！」連講這種訴苦的話都顯得很不恰當。「唉呀！養小孩本來就是這樣啊！難道只有你辛苦嗎？而且說實在的，養小孩到底是有多累？養就對了啊！」甚至連我媽都這樣講。

但是，我內心卻有個聲音忍不住想反駁。現在跟以前哪有一樣？以前的父母會陪小孩玩嗎？以前的父母又能念多少書給孩子聽呢？以前哪有上幼稚園的小孩在讀英文的啦？小孩光是在外頭玩耍就可以耗掉一整天了。那麼在家裡的時候呢？就是一直看電視囉！

現在這世代，不陪小孩玩的父母就會被說是「差勁的爸媽」。書呢？基本上每天都要念給孩子聽的。語言呢？光會說母語根本不夠，不懂英文就會被淘汰。如果放小孩一個人在外面玩，父母就會被貼上「放任孩子」的標籤。還有，家裡電視整天開著，小孩就會變笨之類的言論，已經一竿子打翻整船的父母們了。

作父母的若能全心全意投入在育兒當中，這當然是值得嘉許的，對孩子來說

基本上也是好事。不過以最近的時代氛圍來看，已經做到有點太超過的程度了。有很多父母承擔著根本負荷不了的標準，把自己逼到死胡同。

各位都聽過「職業倦怠症候群」吧？努力到後來因為精疲力竭，所以就乾脆直接放棄。實際上有很多爸媽們都因育兒而紛紛倒地不起。小孩算啥？很想通通撒手不管、逃到天涯海角，只是外表看不出來罷了。

我們其實都是在跟現況苦撐硬拚，畢竟我們都將孩子視為自己的命，根本不可能放手不管。但問題是照這樣繼續下去，可能會失去「自我」。能量、幹勁、意志等全都會消失得無影無蹤，跟下地獄沒兩樣。持續到後來會如何呢？最後甚至會連小孩都想放手。要是成為這樣的人根本就是超級大笨蛋。

所以說，我們現在應該立刻停止自己承擔不了的苦差事，不要再做了！要冷靜地把該做跟不該做的分開來才對。如果覺得很累了，就稍微把事情放著，休息一下吧！這麼做才是對孩子好的方法，畢竟孩子就是我們的寶嘛！

各位，不要再管別人的眼光和言論了，你的生活中，請只留下最想留給孩子的部分吧！之前自己拚命忍耐奮鬥的時光，就請優雅地將它闔上，把它拋到九霄雲外吧！

PART 01

這麼做才不是壞爸媽呢！你是好爸媽喔！

從孩子誕生那時起，父母心中的感受就是五味雜陳，包含著喜悅、幸福、不安、擔憂、痛苦、憤怒等等，此外還有自責。

照顧小孩的這份工作，跟想像中的實在很不一樣。別說是幸福感了，累到快崩潰的時候反而更多。可是世上卻充斥著跟現實脫離的訊息——「育兒是最極致的幸福」、「作父母的是得到祝福的人」、「母愛是天下最偉大的愛」之類的。

在這種社會氛圍之下育兒，真的是相當煎熬。明明時常覺得小孩就像自己的敵人，很想乾脆逃走算了。這種來自「真實世界中的我」的罪惡感也經常壓迫著自己。我不禁會想，「我是個壞媽媽吧！我怎麼可以對天使般的孩子生氣呢？別人都說他們的育兒過程很幸福，該不會就只有我缺乏母愛吧？」

「我家的小孩怎麼會長得像我一樣這麼奇怪？」「怎麼會從像我這種不完美

的媽媽身上生出來？」因為這沒完沒了的罪惡感，很多媽媽會讓自己陷入絕望之中。如果還是個職業媽媽，那就更不用說了，從把小孩生下來的那一刻開始，無法隨時在旁照顧簡直就成了罪人，直接榮登公認的「壞媽媽」第一名寶座。

可是這類想法都只是一種「不真實的罪惡感」，實際上不會給孩子帶來傷害。所以，從此刻開始忘記它們吧！「你真的是不及格的父母啊！」「你應該要給孩子更多關愛，應該讓孩子感受到幸福才對啊！」要是有人講這種話，企圖加深你的罪惡感，那麼就回對方說：「你先管好你自己吧！」

真正該有的罪惡感是現在我要提到的狀況：對完全沒有反擊能力的柔弱孩子發怒，對他大聲喊叫，做出會讓人陷入恐懼的行為。對孩子來說，父母就是他在這世上的全部啊！孩子根本沒有逃跑的能力，卻對他施以言語或行為上的暴力，這樣簡直跟惡魔沒什麼兩樣。無論再怎麼正面看待這種事件，自己那德行依然像個瘋子。

如果已經到這種程度，就真的會衍生出非常極端的想法。「我沒有當父母的資格了。我是不是從這個世界消失比較好？」而這種罪惡感到後來會將整個生活完全吞噬。像我就曾經有很長一段時間都因為這種罪惡感而感到心很累。連自尊心是什麼都不知道了，根本只覺得自己的存在就像個垃圾，我甚至很難找到人生的希望。但要是作父母的都感到挫折、癱坐在地，小孩又會多麼難過且害怕呢？他應該會覺得整個世界都崩塌了吧！

因此，比起任何育兒難題，我更想要先幫助父母們減少育兒帶來的罪惡感。我不會只是輕率地安慰各位說「喔！沒關係啦！」因為對已經發了脾氣的爸爸媽媽們說「你就不要太自責了！」這種安慰的話是很空泛的。難道這樣講，他們就能不自責嗎？實際上他們就是做錯了啊！因為都已經讓孩子難過，也讓孩子受傷了嘛！我們必須將所有可能讓罪惡感乘隙而入的機會全都阻斷。我會幫助大家不要對孩子發脾氣。

老實說，我們會對孩子發脾氣的原因不外乎就是因為「太疲憊了」。我自己也是深有同感。那些讓我們人生變得沉重的負擔、憂心、沒用的、不真實的罪惡感等等，就一起把它們消除掉吧！因此，現在都不要再犯罪囉，大家！

發揮長跑賽的技巧，讓育兒之路堅持到底！

大家還記得體適能測驗嗎？吊單槓、擲球、跑步、仰臥起坐等等，這些在我們唸書的時候都做過。在所有項目當中，令我印象最深刻的就是「長跑」。

跑八百公尺，就等於繞運動場四圈。我記得自己第一次跑的時候，還以為要吐血了，心臟感覺好像要撕裂，真的差點沒死掉。跑到終點線的同學們很多人也都癱倒在地上。而那些中途就放棄的同學們，他們彷佛章魚一般搖來扭去走過來的模樣，也都浮現在我腦中。

長跑就是這樣，是我們在求學期間每年都會有一次的震撼教育。不過到了國三的時候，體適能的狀況竟然改變了。這全托某個體育老師的福，他奇蹟似地讓我們班上所有的同學都順利完成了規定的公尺數。

這個體育老師會站在起跑線上，只要看到跑完一圈的同學，就會對他們大喊這兩句話：「跑太快了！減速！」

因為我們是學生嘛，自然會聽從老師的指示，但是一邊跑一邊心中難免有點不安：「跑這麼慢真的可以嗎？現在跑快一點，才能在時限內抵達不是嗎？」

不過後來怎麼樣了呢？我們不得不相信老師的話欸！我們就這樣慢慢跑，大家全都在時限內抵達終點了。那天，連一個昏倒或用走的同學都沒有。我們甚至還因為老師說要讓肌肉放鬆，而在跑完八百之後還繼續多跑了兩百公尺。

那次的經驗對我往後的生活產生了相當大的幫助。有句話說「堅持到底的人才是最後的贏家」。年紀越大，越是打從骨子裡覺得這句話真的是至理名言。如果想要堅持到底，那麼就要注意「絕對不能跑太快」，我那時學到了這一點。

儘管如此，人生中因為沒有控制好速度導致自己癱坐在地的狀況，其實也是不計其數。這是因為暫時忘記了教訓。尤其在養育孩子的時候特別會這樣。我們有多珍惜孩子，就會對孩子懷有多少貪心。會因為想要再對他好一點、想要幫他把人生中會面臨的困難都擋下來，為此努力到讓自己氣力耗盡的地步。

狀況總是像這樣：倒下後再爬起來，之後又倒下，然後又爬起來。這幾年就是這樣扎扎實實地撐過來了。雖然自己一邊碎念說「這一切都會過去的！」可是再怎麼望眼欲穿，辛苦卻還是一直在延續，真的讓人感覺很茫然。只好詢問其他過來人「養小孩到底什麼時候可以輕鬆點？」

不問還好，一問根本傻眼！孩子開始念小學之後，每件事情都需要爸媽的協助，到了國中高中，需要爸媽花心思關心的地方就更多了。每進入一個階段，就會出現全新等級的煩惱。

此時我腦袋完全清醒了。原來，我已經投入太多精力，害得自己萌生再也做不下去的念頭。照這個態勢下去，孩子到了青春期開始會反抗的那天，我應該就會直接放棄。所以我體會到了：現在就應該馬上放慢我的速度。

這其實不容易做到。要放棄對孩子的貪念談何容易？更何況只有這麼一個寶貝孩子。光學著踩煞車就花了我好幾年的時間。

放慢速度雖然是讓人舒服不少，但同時我也會覺得有點坐立難安。不過每當我又內心動搖，開始想要加快速度的時候，我就會想起長跑的故事。前半段暴衝又怎麼樣？如果沒辦法跑完全程，就根本一點意義都沒有。必須放慢速度，這樣跑完全程的機率才會提高。

現在回過頭來想想，長跑之所以累人，並不是在於「跑的距離很長」。其實頂多就八百公尺啊！但因為不知道到底該跑多快，抓不到感覺的關係才覺得很茫然；加上如果還跟其他人一起跑，彼此競爭追逐就會覺得更有壓力。如此而已。

如今我已經告訴各位這個訣竅了。大家每跑完一圈，我都會對各位大喊：「跑太快了！請放慢速度喔！」

沒有親餵母乳也沒關係！

難道喝配方奶的孩子就不健康嗎？

想必各位已經聽聞過許多「母乳對孩子最健康」的說法。而且不光只是對孩子好而已，母乳甚至被稱為「孩子的完美食物」。他們說小孩喝母乳會變健康，媽媽也會變健康，而且還可以促進母子之間穩定的親密互動。因此，說母乳是完美的食物，這說法看起來沒有錯。

但是拜這些說法所賜，無法餵孩子喝母乳的媽媽們飽受罪惡感的折磨，就因為她們沒有讓小孩喝到「這樣超完美的食物」。

話說回來，跟喝配方奶相比，餵母乳真的有壓倒性的好處嗎？給小孩喝奶粉，我家孩子會有哪裡比別人差嗎？不親餵母乳會對培養依附關係造成什麼問題嗎？我們一個一個來探討吧！

第一，小孩喝母乳會變得比較健康嗎？

有研究結果說孩子喝母乳會增強免疫力，可以減少罹患異位性皮膚炎或中耳炎的機率……嗯，很好。但喝母乳其實無法讓小孩完全免除罹患這類疾病，我家老大就是活生生的例子。我家老大是我親餵母乳六個月長大的，可是他還是得了異位性皮膚炎和中耳炎，因此痛苦不堪。

事實上，也有很多研究結果顯示，喝母乳對於預防這些疾病是沒有效果的。甚至還有少許研究提出，喝了母乳之後反而可能會增加孩子罹患異位性皮膚炎的危險性。對於異位性皮膚炎和喝母乳是否有關聯，如今的醫學界依然沒有定論。

從另一方面來說，喝配方奶並不是罹患這類疾病的主要原因。舉例來說，假設有人照X光看到肺部有黑點，於是他去看醫生。醫生第一件事就會先問他：「請問您有抽煙嗎？」這是因為抽煙的人罹患肺癌的可能性比較高的關係。

但是如果小孩罹患中耳炎，去看小兒科的時候，醫生難道會問說：「您是不是餵小孩喝奶粉呢？」不會這樣問的。不罹患中耳炎的重點是：不要感冒！

我要講的意思是：並不是因為餵小孩喝配方奶，而導致他罹患異位性皮膚炎或中耳炎。就像我家老二從小喝奶粉長大的，反而從來沒得過異位性皮膚炎和中耳炎。現在也幾乎沒有什麼小孩因為免疫力低落而死亡的例子。大部分的孩子都健健康康地成長了。其實不論吃什麼，小孩都會長大的啦！

第二，餵母乳能讓媽媽變得健康嗎？

有人說媽媽餵母乳比較容易瘦？其實不管有沒有餵母乳，終究都會瘦下來的。因為懷孕期間會浮腫，所以生完小孩後，這些水分也會自然排掉。那麼接下來當然就是做好自我管理囉！上網一查就會看到「如果沒有餵母乳就很難瘦小腹」的說法。但其實不管做什麼，小腹上的肉肉本來就很難減下來啦！

也有人說，餵母乳的媽媽們在離奶後，骨質密度會比較高。但提醒大家，餵母乳的期間，母體的骨質密度會降低三到五％。雖然在斷奶幾個月之後會恢復，但是在哺乳期間一定要記得補充鈣劑。

當然也有研究說，餵母乳能減少罹患乳癌的危險性。關於乳癌發生率的減少，我即使不在這裡多作醫學上的論述，大家在本能上也都能感受到。平日做好乳房檢查，多注意導致乳癌的危險因子等等，才是更重要的預防方法吧！

第三，親餵母乳能促進母子間的依附關係？

大家都說如果親餵母乳，小孩就可以被媽媽抱著，能聞到媽媽的味道，彼此就會變得更親密，然後能產生穩固的依附關係。可是即使是餵配方奶，小孩也會被媽媽抱著，也可以聞到媽媽的味道，不是嗎？這麼說來，被餵配方奶的孩子應該也能產生母子間的依附關係吧？既然兩種做法都可以產生依附關係，那為什麼要把「能產生依附關係」這件事硬套在「親餵母乳的優點」上？我也不太明白。

如果要說餵奶對產生依附關係很重要，那麼我倒覺得更應該要推廣用配方奶餵小孩。爸爸們難道就不是父母的一員嗎？難道就不用跟孩子培養依附關係嗎？

在孩子新生兒時期，很多爸爸們的表現都像是豬隊友。因為如果餵孩子吃東西這件事都必須靠媽媽來做，爸爸就沒事了嘛！要是就這樣過了新生兒時期，當然爸爸和孩子是無法產生依附關係的。這麼一來會變得怎麼樣呢？孩子只要一給爸爸抱就哭，變得超黏媽媽，然後到後來媽媽就會筋疲力盡而累倒。請停止這種惡性循環。媽媽們也將育兒的喜悅分享給爸爸們吧！

我自己在生下第一胎時，為了親餵母乳，半夜必須醒來兩三次，每兩三個小時就要餵一次奶，然後還要幫他拍嗝。常常一早醒來衣服都被奶水弄濕了，胸部也經常脹得硬梆梆的，非常疼痛，腰也快斷了，全身痠痛、手腕脫臼、手指頭每個關節都覺得不舒服……我真心覺得這是打從我出生以來第一次感覺這麼痛苦。

即使搞成這樣，我還是持續撐了六個月。我為什麼要做到這種程度？全都是因為不想聽到任何一個人說我是「缺乏母愛的女人」。現在回頭想想，我覺得沒必要非得硬是忍耐撐過那段痛苦的日子。如果我那時讓自己過得舒服一點，想必就能跟我可愛的孩子一起好好地享受生活。

回顧過往，在養育孩子的整體過程中，「親餵母乳VS餵配方奶」這問題的重要性根本佔不到一％。不管給孩子吃什麼，其實他們都還是會好好長大。

所以啊，如果覺得很辛苦，不那麼做也沒關係的。

PART 01

小孩飯吃得少也沒關係！
誰說個子小人生就會落後？

我有個孩子真的很不愛吃飯。從他出生到現在，好好吃頓飯的次數根本屈指可數。我把料理書買來看且照做了，有名的菜也都買來給他吃，什麼有的沒有的方法通通都試過了，但是根本沒有用。我甚至連刺激食欲的藥物也都買過！

但這孩子真的超級挑食，有一堆不吃的東西。喔不！是根本沒有他願意吃的！全世界他好像只願意吃一種食物，是什麼咧？這位公子只願意吃雞蛋（蒸蛋、煎蛋、雞蛋卷、蛋花湯之類的，可是炒蛋他又不吃。）我看這世界上要是沒有雞的存在，他早就餓死啦！

「讓他餓一餐啦！他喊肚子餓之前什麼都不要給他吃！這樣他自然會知道要乖乖吃飯了。」有人給了我這樣的建議。我也是嘗試過的喔！可是唉呦我的天！要是真的不幫他準備飯菜，他應該可以讓自己連餓三餐都沒有問題。

跟胃口差的孩子一起吃飯，坦白說真的讓我壓力很大。一整個小時看他吃得零零落落的樣子，心裡一把火真的是上上又下下。明明只有大概大人湯匙大小的五六匙的量，這孩子一直要吃不吃的，真的是Oh my……我真的厭世到很想戴著眼罩吃飯。看他吃飯那德行，心裡要是還可以不碎念的，我覺得根本就是什麼神仙聖人等級。

但要不是因為這樣，當時我也不會寫出這種日記了啦！我那篇日記題目還叫做：想對小孩生氣時……

不要太執著於孩子吃東西的量。就算孩子吃得少是因為你不夠用心好了，就算是食物料理得不夠美味好了，就算是菜色選項很少好了，但總之孩子也不會因此長不大。想想自己以前胃口好跟胃口不好的時候吧！其實吃進去的食物都提供了充分的營養，那樣的程度已經夠讓身體能毫無障礙地發揮機能了。

就是因為我有過這種恐怖經驗，才能得出這樣的體悟。想想看，餐桌上的我心裡有那些碎念是正常的吧！

但話說回來，如果在吃飯的時候，有人一直盯著自己的嘴巴看，我們也會覺得超有壓力的吧！明明肚子已經撐得半死，卻還被別人要求再多吃一口，這種吃飯時間就只是一種折磨而已。當然就不會想要再吃了嘛！所以啊，除了放下自己心中的擔憂之外，沒有其他方法了。

為了放下「要求孩子多吃」的執著，我曾經思考過「為什麼我會希望孩子能胃口好一點」。表面上的原因看起來是「怕孩子長不高」。擔心孩子個子矮可能在學校會感到自卑啊，怕他以後也會很難交女朋友啊之類的。

但是光用「擔心孩子的未來」這點來解釋自己的執著，似乎不太有說服力。若只是這些理由，其實好像不需要對孩子的食量那麼斤斤計較。就算身高不高，也不至於在人生方面落後吧？

我自己的身高是一百五十五公分。雖然我並不高，可是人生也沒有因此感受到什麼特別辛苦的時候，就跟別人一樣，上學、上班、結婚生小孩，我的人生照樣順順地走過來了。當然還是會遇到一些比較辛苦的地方啦！像是在人塞得滿滿的捷運上，臉都被擠在別人的背上，呼吸是滿困難的！有時候遇到自動門不開的時候，就得要在那邊跳跳跳，說真的還滿丟臉的。可是去掉這些狀況不談，我是真的沒遇過什麼大礙，就這樣好好長大啦！

可能有人會說，女生嘛，個子矮有什麼關係呢？但就某些方面來說，還真的是有點關係。畢竟有研究指出，身高高的男性所賺得的年薪比個子較矮的男性還要多。但是以統計上來說到底是不是這樣，則還是按照每個個案狀況而有所不同。環視我自己認識的人當中，日子過得不錯的朋友幾乎沒有個子高的。各位也可以去查一下成功人士的身高。難道身高真的跟成功有絕對的關聯嗎？

綜合來說，撇開「看起來好看」這個因素之外，身高其實並不是決定人生的關鍵要素。更何況不管是高是矮，那都是他自己的人生，他自己不想吃飯，我們在那邊硬要他大口吃飯，這樣不是很奇怪嗎？所以接下來我要吐露我的真心話了。小孩不吃飯，到底為什麼我們的內心會如此鬱悶呢？

其實會這麼不開心是另有原因的，那就是：孩子長得矮，會覺得那都是自己

的錯。帶孩子出去的時候，難免會跟同年齡小孩的身高作比較嘛！要是自己的孩子比較矮卻肉肉的，至少還可以自嘲說：「唉呀！我家寶貝其實很會吃呢！可是就是沒有長在身高上啦～呵呵呵呵！」但要是小孩長得比較乾瘦，就會擔心說：「如果別人以為是我這個做媽媽的讓他餓到了怎麼辦啊？」也就是說，我們怕被人家認為自己是沒讓孩子好好吃到一頓飯的壞媽媽。

「孩子就是要給媽媽餵才會長大啊！給其他人餵難道會長大嗎？」我真的從很多長輩那裡聽到過這種話。「小孩長不高就是職業媽媽的錯啊！」每次聽到這種話，想想看我內心的罪惡感會有多嚴重啊！

因著各種因素，我從某一年起把上班時間減少了一半。這決心多半也是來自於「我的孩子我來餵！」這樣的想法。

回歸家庭生活之後的第一個月，為了我家那位不愛吃飯的少爺，我什麼食材沒買過，什麼方法沒用過？渾身解數全使出來了，什麼燉牛肉、排骨湯、炒羊肉、醬炒豬肉絲、烤雞肉……都搬上餐桌了。可能是我精誠所至、金石為開吧，我家不愛吃飯的少爺是有努力把料理都吃光。然後呢，就這樣過了四個星期，他體重掉了七百公克。哈哈哈！而且在那之後的一年當中，他的體重就一直都沒變過。那麼身高呢？我沒幫他量。因為我還想好好維護一下我精神層面的健康。

結果，我廚藝變得超好。在試味道的時候，自己都會在瓦斯爐前面給自己比個讚！不過我家孩子可能真的對食物的氣味和口味相當敏感吧？對這類的孩子來說，什麼山珍海味都沒用。我們家少爺前些日子還說了這種驚世金句：「媽，辣炒豬肉有紫紫的味道，我不要吃啦！」（切！我居然還期待講得出這種話的人能好好吃飯？我努力到現在到底在幹嘛？）還好這個曲折離奇的劇情最近終於似乎要落幕了。

孩子不吃飯，這不是各位的錯，所以請不要感到哀傷或自責。他就吃不下飯，我們能怎麼辦呢？這都是他們的命啦！多吃個一兩口，難道是會多長高幾公分嗎？要是真的沒長高，了不起長大之後幫他買個鞋墊墊一下就好啦！

人生中還有多得跟山一樣令人討厭卻還是該做的事情，所以吃飯這檔事，我們就隨他去吧！

不帶小孩外出用餐也沒關係！

與其在外崩潰，不如在家從容叫外送

每次一到週末，我們這些爸媽們就要迎接喜悅又煎熬的時刻，那就是「帶小孩外出用餐」。在這裡我會提到一些跟我們家庭狀況類似的例子，說不定也跟各位的狀況差不多。

又到了週日午餐時間。打開冰箱一看，沒什麼能吃的東西，要煮什麼來吃，又覺得很麻煩。這個時候會怎麼做呢？當然就是外出用餐啦！

興致勃勃地打算出門，可是還沒化妝換衣服，然後還要整理一些外出用品，弄一弄之後已經耗掉不少力氣了。啊，可是還沒決定要吃什麼欸？那就來查一下餐廳評價吧！上網一看滿滿都是廣告。此時自己的血糖值已經開始漸漸下滑。好啦，終於找到一間不錯的餐廳，血糖值有稍微回升一點。此時的自己精神奕奕地對孩子們喊：「你們準備好了嗎？」

結果咧？不可能說將近整整三十分鐘的時間什麼都沒做吧？原本只抱著確認一下的心情，這下可好啦，衣服都沒換，於是變成我展現碎碎念功力的時刻了。我家小孩穿個襪子就要耗掉五分鐘，然後穿好上衣褲子，可能又要再耗個十分鐘。雖然我很想卯起來猛催，要他們快一點，但是怕他們會跟我鬧脾氣，然後時間就越拖越久，所以只好忍住性子閉緊嘴巴。

可是不管我再怎麼小心翼翼，總會有個傢伙發神經跟我說他不要出門，想要在家裡吃飯就好，因為這孩子的個性本來就是不太愛出門。褲子索性也不穿了，就賴在地上不起來。吼～～出門前一刻還這樣真的是讓我精神快崩潰。

「好好好，那不然我們就在家叫外送來吃好啦！」我只能有氣無力地這樣說。可是另一個小子怕本來計畫好的出門行程被搞砸，於是扯著喉嚨更大聲地喊：「不要！人家真的很想出門啦！吃媽媽做的菜已經吃膩了啦！」

這種時候我真的很希望所羅門王可以出來主持一下：「我把你們的媽媽切成兩半，一人一半，你們說好不好哇？」

於是我對賴在地上的那個小子沒好氣地說：「不然你就在家自己吃個麵包什麼的好了。」然後假裝要出門。如果這樣他還是不起來，我就會施以連哄帶騙的絕招讓他改變主意。最後我終於說服成功了！這小子又可以打起精神出門啦！搭上車之後，上一秒還惜話如金的孩子不知道是想通了還怎樣，一直講話講個沒完，而且全是些沒頭沒腦的問題。結果我因此沒聽到導航的指令，而搞不清楚到底要不要迴轉。抵達目的地時我鬆了一口氣，讓人崩潰的事情應該結束了吧！

現在我們終於坐在餐廳裡拿到菜單了。因為小孩有一堆不吃的菜，經過我一番深思熟慮，決定點合孩子胃口的菜。然後才過三分鐘，小孩就一直催說為什麼菜還不趕快上來。

就在我被搞得筋疲力盡之時，菜終於上了。少爺們因為還不太會用筷子和湯匙，為了讓他們方便吃飯，我都會把菜弄成小口餵他們吃。我都努力到這種程度了，而且時間明明還很早，他們居然一下子就說吃不下了。雖然一想到帳單的價格就覺得很惱火，可是我還是忍了下來，因為吃飯的時候不可以心情不美麗。最後我終於把已經冷掉的食物放進嘴裡。凹嗚！好好吃！我整個人心情大好！就是為了這個美妙的瞬間才忍耐到這時刻的啦！

啊……可是此時，兩張嘴巴都已經餵飽了，所以兩位少爺正在催著想要趕快回家，他們說如果我不趕快帶他們回家，他們就準備要到處趴趴走了。我光用想的就頭大。所以我開始卯起來把食物塞進嘴巴裡，不到五分鐘就用餐完畢！為了餵這兩個少爺吃飯，我的菜早就都涼了。

我就這樣在精神加倍崩潰的狀態下回到家。有件值得欣慰的事就是此時已經到了下午四點鐘。「這樣也算是一種小確幸啦！星期日下午就這樣混過去了。」我還跟先生這樣自我調侃了一下。然後呢，過兩小時之後，又要開始煩惱晚餐要吃什麼了。這根本就是恐怖電影劇情的無限循環。

這些都是我家的真實故事。各位有猜到我要說些什麼了嗎？嗯哈哈！

我們真的都經歷過這樣的過程不下數百次，大家都曾經很害怕週末的到來，是吧？明明就存在著某些問題，自己卻總是想著「孩子還小的時候，本來作父母的就會辛苦一點啦！」然後就忍耐住了。

然而，繼續這樣搞下去只會讓生活品質越來越慘。跟孩子在外用餐的時候，比起感受到幸福快樂，我們不得不承認實際上帶給我們更多的是壓力。若餐廳又窄又熱，吃熱食的時候還可能會對孩子構成危險，別說放鬆了，連跟家人對話的閒情逸致都沒有，這種空間讓人不得不感到辛苦。

不只如此，小孩根本無法乖乖坐在同一個位置上超過二十分鐘。據我觀察，從坐下到上菜，大概十五分鐘就已經差不多了。因為他們經過舟車勞頓，加上對周遭的感受力很強，所以到餐廳之後經常已經呈現一種疲憊的狀態。看著小孩很累的樣子，自己心情也會變得更加沉重。這時，要求孩子保持吃飯禮儀、要好好坐在位子上之類的，根本就是天方夜譚！

所以我最後決定了：從今以後不要在外用餐！讓我們一家人從這無限循環的恐怖情節中脫身而出。

之後我家餐桌上的場景就變成以下這樣：

大家都可以穿著舒服的居家便服，在寬敞的餐桌上吃飯。雖然孩子還是很吵，但是也不用看人家的臉色。過十五分鐘後，孩子都吃得差不多了，就會問我能不能去玩。「可以啊，你都吃完的話就可以去玩了。」然後此時餐桌上就只剩下我跟先生兩個人。這時我們就可以一邊從容地聊天，一邊享用餐點。因為完全不用擔心開車的問題，所以氣氛好的時候，還可以開罐啤酒來喝一杯。

各位覺得怎麼樣呢？跟上餐廳吃飯的狀況比起來，是不是愉快很多呢？可能會有人說「欸，該不會要我每個週末都在家做飯吧？」而感到有負擔。拜託～最近還有人擔心這種事情喔？現在都有即食料理包或者XX外送什麼的嘛！

直到孩子的耐力變得好一點之前，奉勸各位爸媽最好把「外出愉快地吃飯」這個期待先優雅地收好，這樣對自己的精神健康會比較有幫助。因為小孩還沒學會看場合，也不懂得忍耐，這種時候如果一起外出用餐，對自己來說根本就是一種折磨和束縛。

我是真心建議大家可以在家用餐。我們也不用擔心孩子在餐廳吼叫哭鬧而可能遭人白眼，我們何必要忍耐這種氛圍外出用餐呢？

我們就舒舒服服地吃飯吧！

PART 01

沒有做睡眠教育也沒關係！

不要被「百日奇蹟」迷惑而折磨自己

自從殷殷期盼的孩子誕生之後，作父母的就開始被恐懼圍繞。因為所謂的嬰兒，就是一種一天要吃八餐、屎尿不停歇的存在。會發生什麼狀況，是誰都無法預測的。最令人感到害怕的就是：在白天發生的所有過程，到了晚上還會一模一樣再發生一遍。

跟孩子「同睡」這件事，你是不是也發生過這麼血淋淋的狀況呢？小孩才剛睡著，結果半夜三四點又醒來了。雖然父母們很想對小孩大喊「真的夠了！」（反正他們也聽不懂），但最後又硬是忍了下來。然後為了要好好睡覺，開始去找睡眠教育相關的書籍來看。

「喔？原來還有什麼百日奇蹟喔！原來哄小孩睡覺的祕訣有這麼多種……歐耶！從今天起就是我不幸的終結日！我的幸福即將啟航啦～我們全家終於可以有

個安穩的夜晚啦！」於是乎開始照著書上寫的祕訣一個一個去執行。

什麼在小孩耳朵邊發出咻咻的聲音啦，打開吹風機啦，還有讓他哭一會啦，各式各樣的選項通通都試過一輪，然後呢？現實情況讓人超級挫折。「為什麼這些方法在我家孩子身上都沒用啊？什麼百日奇蹟怎麼都沒有降臨到我們家？」

其實我也是這樣！每個夜晚都超級鬱卒而且辛苦的要死。孩子出生滿百日了，甚至到四個月大、五個月大時，什麼奇蹟都沒有發生。到底是要抱著他哄他睡覺還是不要，我真的不知道答案是什麼，我只知道我的腰快要斷掉，黑眼圈已經掉到我的下巴。直到最後，我依然找不到能好好跟孩子溝通的祕訣，就這樣忍著忍著……然後突然有一天，「咦？怎麼最近小孩似乎睡得滿好的？」

看到這裡是不是覺得自己之前瞎忙一場呢？但說真的，這也是沒辦法的。這就是現實啊！有人問說：「如果怎樣怎樣做，就真的能讓小孩好好睡覺嗎？」我也只能像這樣回答：「其實我不知道。反正到了某個時候，小孩就會好睡了。」有人可能想說我是精神科醫師，也算個專家，應該會懂比較多吧？懷抱著這樣期待的人可能要失望了。

但話說回來，身為一名治療失眠症的精神科醫師，我自己是很好奇所謂的睡眠教育是不是真的有效。父母要控管孩子的睡眠？但我看不少大人連自己的睡眠狀況都無法控管欸？

各位也是一樣吧！有時候睡覺睡到一半會醒過來三四次。有時候不知怎麼的，也可能連續好幾天都沒睡好。或許也有人曾經搜尋過類似「一夜好眠的十種方法」等資訊。那些資訊裡面說的，可能有睡前泡熱水澡，或喝一杯溫牛奶之類的方法。請問各位做了之後，有比較好睡嗎？

也沒有嘛！如果睡眠能像這樣隨心所欲地調整，那麼全世界的精神科醫師們就都準備吃土了啦！睡不好真的很折騰人，因為這樣而不得不前往醫院尋求幫忙的人真的是大有人在。

從人類的睡眠週期來看，隨著年紀增長，大部分的人的睡眠週期會固定下來。出生滿六個月之前都會很常醒過來，但到了青少年時期就常有爬不起來而遲到的狀況，然後過了五十歲之後，又會回到經常醒來的狀態了。腦部會從發達的狀態進入老化，這是人體自然的變化。

再說，腦部若變得成熟，就可以藉由調節來讓自己好好睡覺，這跟有沒有做睡眠教育無關。要到這樣的階段，一般來說會需要六個月左右的時間，大約有三分之二的嬰兒到了這個時期就可以睡得很沉了。

也就是說，滿百天左右的孩子大多無法進入父母們所期待的那種「沉睡」狀態。如果說真的有能睡得香甜的例子，那真的可以說是奇蹟了。奇蹟呢，只會叩被它選中的家門。就是因為發生奇蹟的機率相當稀少，所以才說那是奇蹟嘛！如果很常見，哪算是什麼奇蹟呢？

各位不要被所謂的「百日奇蹟」給迷惑，然後抱怨為什麼我家小孩的進度這麼慢，或者覺得自己被孩子折磨。在這個時期孩子本來就不好睡，這是理所當然的事情。其實所謂的「百日奇蹟」，就是孩子的生理狀態到了這個時期，晚上自然而然會睡得比白天多一些，是這樣的含義。孩子晚上睡睡醒醒，這個狀態大家都是半斤八兩啦！孩子只要再大一點，就可以睡滿四個小時，各位只要期待這件事發生就行了。

因此，如同我剛才前面提過的，這個狀況根本不是什麼百日奇蹟，而是兩百日奇蹟才對吧！但也並非所有的小孩都百分之百符合這個狀況。有的孩子到了六個月大左右的時候，反而容易睡到一半中途醒來找爸媽，這也是近期比較常聽說的現象。有人說這算是一種分離焦慮。很扯吧？

好吧，既然如此，各位乾脆帶著「反正就苦這一年」的想法來面對吧！乾脆把孩子能好好睡覺的期待丟掉，這樣會比較好喔！連小孩醒著的時候都很難調整他的行為了，更何況是睡覺的時候，哪有那麼容易？「別人要苦一整年的事情，我家小孩十一個月不到就可以好好睡了！我運氣超好的啦！」希望各位能這樣想。跟其他孩子相比，「好睡」這件事再怎麼晚也不會超過六個月的。

很多父母都希望晚上能睡個好覺而搜尋了「睡眠教育」的方法，結果看到有人回饋說「我家小孩用了某個方法之後，不到四個月就成功了！」之後，就變得更加難過、氣餒，甚至一直跑出「都是孩子的錯」的想法。很好笑吧？孩子明明不是為了折磨父母而故意不睡覺，但自己就還是會這樣想。

請不要為了想要做睡眠教育，而當孩子哭泣的時候就只是放著他不管，然後自己在那邊硬撐忍耐。當孩子哭得翻天覆地到把父母吵醒的時候，請各位就起身順便仔細觀察看看吧！也可能是因為尿布濕掉了才一直哭的嘛！那時候就幫孩子換個尿布，這樣該有多清爽呢？這時看著小孩就會有種「天啊，這個世界真美好！」的感受不是嗎？

抱抱孩子或幫他餵個奶，這些都是可以的。只要這方法能讓孩子快點入睡，那麼就使用那個方法吧！只要孩子再大一點，就不會一直需要抱他，也不會睡到一半要起來餵奶了。

請不要太過執著於「必須讓孩子習慣！」這樣的想法。只要想著「我等到孩子能好好睡覺的那天！」這樣就好了。

跟小孩分開睡也沒關係！

究竟是孩子不安？還是你感到不安？

我本身就是那種需要睡很多的人。人家都說一天睡滿八小時就很健康了對吧？我則是必須睡到十個小時，這樣白天才不會打瞌睡。在結婚之前，我一到週末就是非得睡到十一點才肯起床。

但是當孩子出生之後，哪有可能這樣？整天過得好像似醒非醒，根本就是行屍走肉。當我產假結束、回歸職場的第一天結束後，回到家裡我就哭了。我覺得我那天簡直就像個超級大笨蛋。明明有四件待辦事項，我卻硬生生把兩樣給忘記了。那天我躺在床上，好像在自言自語一樣跟先生說了這些狀況。

「欸我跟你說，我喔，好像沒有信心這樣活下去了。」（淚眼汪汪）

「……唉……我也是啦。」老公也這樣回答我。

已經流出來的眼淚瞬間倒退嚕嚕嚕回到我眼裡。「原來在這個家裡我還是得振作精神啊！」頓時我有了這樣的體悟。

因為這樣，我們家決定很早就開始讓小孩跟父母分房睡。在孩子滿週歲左右，我們就把他移到隔壁房去。

在我看來這一切都發生地這麼自然，可是打聽之後才發現，跟孩子分房睡的例子比我想的還要少。而且反而常常聽到別人問我說：「什麼？你跟小孩分房睡喔？這樣孩子不會很不安嗎？」甚至有人跟我說：「要跟小孩一起睡，感情才會親啊！媽媽白天就已經不在身邊了，晚上更應該要睡一起才對嘛！」

什麼嘛！原來只有我會這樣想喔？我好像真的是壞媽媽欸！可是即使這樣我還是要好好睡覺才可以啊！要是沒睡好，結果對孩子發脾氣該怎麼辦？

各位當中有跟我一樣愛睡覺的嗎？有沒有人很想跟小孩分房睡，可是內心卻莫名很不安而無法付諸行動的呢？各位今天真的看對書了！我會痛快地為各位消除這個不安感，今天一定會讓各位馬上睡個好覺。

首先，讓我們一起來打開心門說亮話。無法跟孩子分房睡的原因到底是什麼？我認為應該有以下這兩點。

1. 擔心孩子會不會睡到一半發生什麼事。
2. 怕孩子感到不安。

我就先從怕孩子睡到一半會出事這點開始說起好了。大家都很擔心「嬰兒猝死症候群」，這是指不到一歲的嬰兒半夜突然死亡的症狀，而且原因不詳。很多人都說這是因為嬰兒趴睡的關係，或睡覺的寢具太軟，因而導致死亡率的提升。

但看這些死亡的例子，大部分的嬰兒在死亡時，並沒有發出什麼噪音，身軀沒有翻動，甚至連哼哼唉唉的聲音都沒有。換句話說，即使讓孩子躺在四平八穩的床上，嬰兒猝死依然是父母們無法阻止的事件。各位有時候連吵死人的鬧鐘也不見得聽得到，不是嗎？

睡覺的時候，讓孩子面部朝上，調整好房間溫度不要太熱，也把有可能讓孩子窒息的危險物品移除，這樣各位就已經是盡到最大的努力，基本上已經無法再多做些什麼了。

有時候反而是父母們自己睡在很軟的床上，導致孩子被寢具或父母壓住而窒息，這種危險的狀況還比較常見。如果要跟未滿週歲的孩子同房，那麼也請讓孩子睡在另外一張床上，這樣會比較好喔！

從另一方面來說，嬰兒猝死症候群大部分好發於出生後二到四個月大的嬰兒身上，死亡的嬰兒中有九成左右都是出生未滿六個月。過了這段期間後，某種程度來說是可以比較放心的。因此，滿週歲後的孩子如果身體狀況都健全，讓他在另一個房間睡覺是沒關係的喔！

這樣各位有稍微放心了一點嗎？那麼接下來，我要為那些擔心「孩子會感到不安」的父母們做說明了。

當各位跟孩子說「你今天開始就要在另一個房間睡覺囉！」就可以直接開始

執行了。要是孩子耍賴，可以跟他說「抱歉啦，但是讓爸爸媽媽好好睡覺真的很重要欸！我們各自一間房比較能好好睡覺喔！」請如實地跟孩子說明。

睡前可以為孩子讀一兩本書，當彼此都開始有睡意後，就把燈關上躺著，等到孩子打呼時，就可以起身回到自己的寢室。當孩子睡著之後，哪會知道父母有沒有在自己身邊？這對孩子的情緒來說是不會造成任何影響的。要是孩子睡到一半醒來哭鬧，那時再過去安撫他就可以了。

有些人會擔心如果跟孩子分房睡，可能會衍生「依附關係」上的問題。然而，在依附關係的形成方面，最重要的關鍵是「是否及時回應孩子的需求」。意思就是，只要在能清楚聽到孩子哭聲的隔壁房間睡覺，並且能適當地觀察孩子的狀況，就不會對親子間的依附關係造成任何阻礙。

況且，以考量到情緒的部分來說，當孩子可以自己控制身體的運作時，在這時間點趕快讓他去另一個房間睡，其實是比較好的。因為要是孩子再長大一點，就會不想要跟父母分開了。這樣到後來，就會變成父母硬是把孩子甩開的局面。再怎麼搞不清楚狀況的父母也都該知道，本來就習慣跟父母分房睡的孩子，跟某一天被通知必須移到另一間房間睡的孩子相比，哪一種會覺得更有壓力呢？而且站在父母的立場，後者的情況也比較容易產生「把孩子趕出去」的罪惡感。

如果沒有在孩子還小的時候跟他分房睡，可能到了孩子六歲八歲大，都還是會跟父母同房睡覺。我的朋友當中，有人家裡的老么到了中學都還跟父母睡在同一個房間。明明在週歲的時候只要花幾天的時間，拖到後來，為了適應這件事，可能就得痛苦個好幾年。

從另一個角度來說，連續好幾年都跟孩子同房睡，這對父母來說也會造成相當大的影響。要熟睡會變得相當困難。因為再怎麼說，都還是自己睡最能進入熟睡狀態。同房睡覺的人一多，可能就有打呼聲、磨牙聲，有時候還會滾來滾去，然後被踢一腳之類的，這樣睡眠品質很容易下降，不是嗎？長時間持續下去，就會有睡眠不足的狀況，而對情緒帶來不好的影響。

此外，迎接新生兒並開始育兒的家庭，很多父母都是生活在重重壓力之下的。根據調查結果顯示，這樣的父母比率高達四成左右。再加上，幾年當中都跟孩子同寢睡覺，那麼結果會如何呢？關係僵化的可能性會提高，跟孩子之間也可能變成類似兄弟姊妹的關係。

附帶一提的是，雖然以下狀況可能只是偶發性的例子，但「小時候看過父母發生性關係的場景而受到衝擊的人，日後可能會對性的部分產生先入為主的觀念，也容易跟異性朋友之間發生問題。」在精神科臨床上關於這方面的說法也是時有所聞。畢竟那樣的事情對幼小的孩子來說具有相當大的衝擊。

我們自己究竟從何時起跟父母分房睡的，其實大多數的人也都不太記得了。就像這樣，跟孩子分房睡這件事並不會對孩子帶來任何不好的影響。然而，因長時間跟孩子同房而衍生的副作用卻是相當可觀的。

接下來，我想告訴各位的是，「跟孩子分房睡」這其實並非一種選項，而是必須。一想到孩子的情緒問題，就更是必須要這樣提醒各位。所以請各位不要再覺得自己是個沒有情感的父母而帶著罪惡感。這只不過是為了家庭著想，而應該做的事情罷了。

希望各位從今天開始，就能有個安穩的夜晚！

就算遲一點戒尿布也沒關係！

不需因別人的擔心造成孩子的壓力

接下來要跟大家談談一種輕如鴻毛、又重如泰山的話題，那就是「排便訓練」以及「戒尿布」。一提到所謂的排便訓練，其實還挺丟臉的對吧？因為只要是健康的孩子，應該都可以自理大小便，那麼為什麼還需要「訓練」呢？這就是個比較讓人感到疑惑的課題。

話雖然是這麼說，可是不管是誰，只要身為父母，在等待孩子戒掉尿布這件事情上，總是會覺得很有壓力。明知道總有一天可以泰若自然地不再包尿布，可是要自己慢慢地等待這件事發生，卻真的是很有難度。

孩子還沒滿二十四個月大之前，日子都還能過得歡喜愉快。那時先把孩子的小馬桶買起來，覺得孩子會自然而然跟小馬桶變熟吧！到了夏天，就想說先試著拿掉小孩的尿布看看。結果呢？還不到三天就覺得快要不行了，然後又再次把尿布包回去。就在這樣反反覆覆的過程中，我自己開始著急了起來，所以就上網搜尋看看別人到底都是在什麼時候幫孩子戒尿布的。不看還好，一看不得了！有的小孩才十八個月大就已經拿掉了欸！

個性再怎麼溫吞的父母，一旦孩子包尿布的時間超過三十個月，都會覺得這樣好像不太對吧？然後變得很著急。看著白天大小便都還不能自理的孩子，內心也跟著失望了起來。明明小孩好像還滿聽話的，為什麼一坐在馬桶上，大小便卻怎麼樣都不肯出來見人呢？

各位無需如此擔心，只要耐心等待就行了。「可是到底要等到什麼時候呢？」其實我自己也很好奇，究竟何時才能把尿布拿掉呢？我為此做了一些功課。

以下是美國的小孩大小便自理的統計數據，透過這份數據，我們來評估一下自家孩子的狀況是否還正常吧。我們就從白天的小便自理開始說起好了。滿二十四個月大時，有二五％的孩子白天能自理小便。在滿三十個月大的孩子中，有八五％可以自理白天的小便。所以如果您的孩子已經滿三十個月大，白天時卻還無法自理小便嗎？請別擔心，他在接下來的六個月當中就會學會如何自理，這是因為滿三十六個月大的孩子中，有九八％可以自理小便。

那如果小孩已經超過三十六個月呢？就算是這樣也不用緊張。在滿四十八個月之前，如果膀胱機能都正常，剩下的那二％孩子全都能拿掉尿布。（給各位參考一下，我家小孩是在滿三十八個月時才拿掉。可能他就是那個要到九九％才能成功自理的孩子吧！總之不知託了什麼福，他不到一天就拿掉了。）

至於晚上的尿布就更簡單了。反正眼睛一閉，在孩子滿七歲之前都先不要去煩惱這種問題啦！如果孩子一週以上都沒有尿在尿布上，就可以先試著不包尿布看看。讓孩子穿著內褲時，如果還是不小心尿在褲子上（一週兩次以上），就再幫他包回尿布就好了。

當我在找一些相關資料的時候，也看到有些人問了這樣的問題：「漏尿症（指無法自理小便的症狀）定義的基準是滿五歲，我可以等我的孩子到七歲嗎？」根據美國的統計資料，滿五歲的孩子當中，有二三％在晚上無法自理小便。其他國家的統計數據也是差不多的情況。因此這麼說來，滿五歲的孩子當中，就有二三％的孩子是漏尿患者囉？這樣講有點怪怪的，對吧？其實只要稍加等待，孩子就可以自己自理小便。難道只是因為比較晚才做到這點，就該把這約二〇%的孩子歸類為漏尿症患者嗎？

在這個議題上，專家們的意見多少都有些差異，但大部分的專家都認同當孩子滿六到七歲還有夜晚尿床的狀況時，就該考慮接受治療。我的建議則是孩子大約滿七歲左右就可以選擇接受治療。不過話說回來，並不是每個滿七歲的孩子都能自理自己的小便。滿七歲的孩子當中，大約有九%的男孩以及六%的女孩在半夜還是會不小心尿床。人類的膀胱就是這樣，都幾歲了還這麼不聽話。

你們還要再聽一個更驚人的統計事實嗎？根據韓國在二〇一三年發表的一項數據結果顯示，十六到四十歲的健康成人當中，有大約二點六%的人曾經有「在最近六個月內半夜不小心尿床」的紀錄。

綜合來看，這些都並非努力與否的問題，是吧？而且也跟身體機能無關。只能說人類自理小便的機制，可能會比我們所認為的還要更晚形成，而且就算這些機制都已經成熟了，也可能還是不怎麼完美。我們也是一樣，睡覺時如果夢到自己在上廁所，就要趕快起來，不是嗎？那時要是繼續做夢下去就會出大事啦！

寫這篇文章時，開頭的語氣雖然輕鬆，但其實我在說明的是一個滿嚴肅沉重的話題。這件事可能會把一些人推向地獄深淵。因為無法自理小便的問題，可能成為一種構成虐待兒童的因子。

一般來說，孩子開始能自理小便的時機，大約會落在二到三歲。這個時期的孩子個性會開始變得很執拗，要照顧起來本來就比較困難了，再加上又是媽媽們開始要打怪，更會感到疲憊的時期。長期累積下來的身心俱疲，在某瞬間就會「砰！」一聲地爆掉。因此，無法自理小便的孩子比較容易被虐待。

再說，人在指示隸屬於自己的對象時，對方如果不按照自己意思去做，通常就容易變得暴跳如雷。舉例來說，最容易造成夫婦失和與爭吵的例子，就是當先生指揮太太開車的時候，對吧？其實先生是為了太太好才給她建議的，但指揮到後來就是把自己搞得很煩躁。連續劇也都有類似情節啊！上司把文件丟到屬下頭上，這些都是在發洩自己的情緒。不都是因為對方沒有照自己的意思去做才生氣的嗎？很好笑，對吧？自己要這樣期待，然後又自己要生氣。人類這種生物喔，反正就是充滿著各種不合理啦！

除此之外，尿床的後續處理非常麻煩，對吧？在凌晨三點的時候，小孩過來跟你說他尿床了，想想看那是什麼情形。唉呦，我不想再多說些什麼了。

體力透支、狀況無法按照預期發展而產生的煩躁，以及一切令人疲憊的善後處理等等，這些因素加總起來，都很容易造成無辜的孩子被大人傷害。父母虐待孩子的新聞層出不窮，但其實導火線往往只是因為孩子當天尿床，父母就在暴怒的情況下，失手把孩子打死了。類似的暴力事件不可勝數。各位聽了心情很沉痛吧？因為孩子的膀胱機能尚未發育成熟，所以才無法自理罷了。難道孩子有犯了什麼罪嗎？

其實小孩在開始「不包尿布」的同時，也承受相當大的壓力。如果半夜尿床了，就連被父母包回尿布，對他們來說也會有一種「我被爸爸媽媽處罰了」的感受。因此，對孩子訓練大小便的過程，很需要大人的悉心照料與陪伴。

「本來你這個年紀就是很容易尿床的嘛！所以爸爸媽媽才給你包尿布的喔！小便本來就不是努力就可以忍得住的，所以你包尿布並不奇怪。沒事的，不需要覺得丟臉啦！」父母本身必須這樣相信，也請這樣對孩子說明吧！

不過即使如此，孩子還是可能會從周遭的人身上承受那些為了孩子的未來著想而出現的「言語暴力」。

周遭長輩們可能會說：

「怎麼到現在還在包尿布啊？就忍一下讓小孩尿床一個禮拜左右，之後就可以不用包尿布啦！」

「你／妳小時候很早就沒在包尿布了，這小孩怎麼這麼晚還在包啊？」

「小孩要是跟朋友比誰更早拿掉尿布，這樣他不會變得沒自信嗎？」

每次有人講這種話的時候，各位可以很酷地像這樣反駁回去：「你講的這些就算還沒發生，小孩子也已經被尿布搞得壓力很大了。因為旁邊的大人一直擔心東擔心西，這樣更讓他沒自信啊！拜託請你以後不要在我們家講這些東西了。要是給小孩聽到，對他很不好！」

除了拿掉尿布以及尿布價格這兩件事，請各位不要從其他因素中承受壓力！

暫時大便在尿布上也沒關係！請帶著同理心理解孩子的排便行為

比起小便，通常大部分的孩子是先學會大便的自理。畢竟大便的頻率比小便少嘛！一天頂多一到兩次左右。而且大便可以忍得比小便久，所以孩子在大便方面比較不容易失手。因此，乍看之下，孩子學會自理大便的能力似乎會比小便簡單許多。

然而，就是因為「大便可以忍得比較久」這個特點，導致在自理大便時，會出現自理小便方面不曾發生過的另一些問題，那就是：孩子不管在馬桶上坐多久，大便就是大不出來，是吧？一旦沒了尿布，孩子可能就大不出來了。想說不然先不要大好了，但是才剛讓孩子起身離開馬桶沒五分鐘，大便立馬跑了出來。因為大便一直堆在肚子裡，堆不下去了最後就大出來啦。

唉呦我的老天鵝！大在褲子上跟尿在褲子上比起來，在後續處理上完全是另外一種等級。那種視覺、嗅覺、觸覺上的感受，噢買尬！再加上沾滿大便的內褲還必須用手仔細搓洗！就算是我自己親生的孩子，發生這種事情時難免都會令人精神崩潰。

不只是這樣，當你不懂孩子為什麼就是很難忍住小便的同時，而「大便」在某種程度上來說，容易讓人誤以為那跟孩子的意志是可以結合在一起的。孩子說肚子痛，你叫他趕快去坐馬桶時還交代說「不要用力就不會大出來囉！」然後下一秒你就看到他已經大在褲子上了。這種時候真的是火都要上來了。

不過話說回來，排便這個動作難道是光憑著意志力就能調整的嗎？我們也都有經歷過便秘的痛苦，不是嗎？明明很想上大號，可是連著幾天就是大不出來，只能一直窩在馬桶上，說有多痛苦就有多痛苦。

反過來說，我們也可能會遇到突然肚子痛的難堪經驗吧？譬如上班搭著捷運的時候突然肚子痛，那時好像冷汗都要從背上滴下來了。即使距離公司只剩下兩站，還是可能會發生慘不忍睹的狀況。

在佛洛依德的精神分析理論中有提到，「從排便的行為中，可以反映出孩童的意志表現。也就是說，有時候孩子會故意憋著，有時候則會故意不看場合就排泄。」有些人也是持有這樣的論調。那麼我的看法是什麼呢？這個嘛，有人說孩子會從憋住便意的過程中取得快感，因此容易造成便秘，還說孩子為了操控父母，所以硬是要在沒有廁所的地方說自己想大便。這些說法到底是不是真實的呢？我比較傾向直接詢問兩歲大左右的孩子。

不管理論到底是不是事實，這些說法都反而可能成為實際上解決排便問題的絆腳石。想想看，在排便行為當中還要加上個人意志，這會讓事情變得有多複雜？硬是要把孩子想成他故意亂大便，這種思考多讓人心煩啊！倒不如認為他是還不習慣才不小心大出來的，應該總有一天狀況會變好吧？這樣想心裡還比較舒服些。

好的，那麼現在我們就先把怒火關起來，先來排除掉孩子無法在馬桶上大便的因素。請各位爸媽們帶著同理的心情，幫助孩子舒服地排便吧！

前面有提到過了，很多時候孩子會大在褲子上，通常是因為他有便秘的問題。那麼我們就應該要思考一下，是什麼樣的原因導致孩子飽受便秘之苦。可能是對廁所有陌生感，也可能是糞便太硬，大致上就是這兩種原因造成孩子便秘。

有的孩子可能會因為不喜歡廁所給他的感覺，導致大便大不出來。所以剛開始的時候，請先將如廁的環境佈置得舒適一點，可以把小孩專用的馬桶設置在客廳或房間裡，等他適應馬桶之後，再把他的小馬桶移到廁所裡。

如果孩子還是習慣大便在尿布裡，那就讓他以包著尿布的狀態坐上馬桶，然後讓他以這個姿態排便吧。再大一點之後，就不會有孩子還包著尿布大便了。這個比例可是百分之百喔！再怎麼晚也頂多晚別人幾個月而已，所以直到孩子能完全自理排便之前，就讓他包著尿布是沒關係的。

另外，等孩子能適應馬桶，並且能使用馬桶大便之前，我建議大家盡量不要帶孩子長時間外出。我們大人自己也都不喜歡在外面上廁所，不是嗎？如果去旅行，有人甚至還會憋個三到四天。那這樣下來會變得如何呢？大便就會變得硬硬的啊！孩子也是一樣，一旦在外面錯過上廁所的時機，他們的糞便馬上會變硬。如此一來就會造成惡性循環。如果想要預防這些事情發生，那麼不要長時間出門是比較好的選擇。

最後，我這裡有些從數十年經驗中領悟到的「遠離便秘Know How」，現在就要告訴大家囉！舉凡多吃蔬菜、多喝水、或什麼益生菌之類的東西，對我這個人來說通通都沒效，但是有兩樣東西會立馬見效，那就是酪梨和海帶湯。上網搜尋一下，就會看到無數篇見證文提到這兩樣東西。我是真心推薦給大家。

小孩其實比我們想得還容易在大便方面失手。連我自己在稍微長大後也曾經失手過。我在六、七歲的時候都有過不小心大出來的經驗。我在去美術才藝班的路上，還有在幼稚園郊遊時，踩著踏腳石橋的途中，只是稍微放鬆了一下，不小心就大出來了。

這個記憶到現在都依然鮮明。我還記得當時那既慌張又不想被發現的複雜心情。可是當下最重要的事情就是「到底該怎麼處理？」那後續的結果我是連想都不願意去想起了。後來好像是所有的大人加上我媽都動員起來，很低調地幫我洗乾淨了吧？現在回想起來，我真的相當感謝他們那麼做。

可能是因為託了這些大人們的福，所以現在即使面對孩子大小便失手這種令人抓狂的事情，我也比較能從容地應對。換位思考真的是將心比心的基本原則。

當小孩大便在內褲裡，各位因此感到絕望或想發火時，我希望能將我的福份跟各位分享，請大家在那當下就憋個笑，忍耐一下吧！拜託囉，曾經也是便便超人的各位！

就算沒有好好傾聽也沒關係！光是整天看著孩子就能傳達你的關愛

小孩子對我們使用的語言還不熟悉，他們的表現就跟剛來到異地沒多久的外國人差不多。光是念一段文字，也要花很久的時間。此時我們雖然會覺得很鬱悶又不方便，但另一方面來說，看他們這樣也會讓人覺得很好笑又可愛。跟小孩子講話的時候，真的會有很想咬他一口的那種惹人憐愛的感覺，各位應該都有過無數次這樣的經驗吧！

可是孩子給我們帶來的並非只有歡樂的時光啊！孩子們也會整天跟在我們身後，一直要我們聽他說他自己的事情，根本沒有在看場合和狀況。他們也會不管你當下表情是怎樣，就自顧自地興致勃勃講個不停。他們只要有很想要分享的話題，就會毫不留情地直接插話。

但如果要仔細聽懂小孩在講些什麼東西，真的會花掉很多時間和力氣。如果被小孩的話題纏上，說真的有時候（有些時候嗎？應該是大部分的時候啦！）會覺得很煩，很難認真聽下去。

那麼該怎麼辦呢？傾聽不就是人際關係中最基本的一環嗎？尤其是在養育孩子的時候，為人父母的就是應該要無條件具備傾聽這項美德，不是嗎？不然總有種給孩子的關心和關愛不夠多的感覺。「明天開始我會認真傾聽！」各位可能每個晚上都是這樣下定決心之後才去睡的吧？

然而到了隔天，就又把前一晚的決心全都忘光光了。光是忍著跟小孩對話個三十分鐘，就會覺得自己再這樣跟他講下去，可能就漸漸要失去意識了。不覺得很厲害嗎？小孩的話怎麼可以那麼多！

通常這樣持續到後來就會開始敷衍孩子，要是他們句子一變長，就會不耐煩地催促說「所以你到底想要說什麼啦？」甚至就不理他了。再怎麼想，都會覺得這樣的自己實在是有罪的爸媽啊！我們已經因為這種罪惡感而感覺難受了，一翻開育兒書籍，上面還寫著：「請成為懂得傾聽的父母！」然後這行字下面還畫上底線！這下子是要作父母的往哪逃？

不知道各位是否也曾經歷過這樣的痛苦與掙扎呢？有的話就賓果啦！

我覺得自己算是一個很會聽人家扯東扯西的好聽眾，畢竟我是精神科醫師嘛！可是我對自己孩子的話卻怎麼也聽不進去，說真的我覺得那些話題一點都不有趣。但就算再怎麼無趣，畢竟是自己的小孩在講話，如果我能稍微忍耐著聽他講完就沒事了，但是我連一個字都很難聽得下去。「連這樣都做不到，我還能算是個好媽媽嗎？」我每天都被這種自責和罪惡感折磨。

因為實在太煎熬了，所以我有天下定決心，無論如何都要徹底解決這個問題。覺得辛苦時要怎樣？尋求協助才對！於是我上網搜尋了「傾聽」這個關鍵字。齁齁，傾聽還真的是個公認很重要的美德耶！光是書名有包含「傾聽」兩個字的書，少說也超過四千本以上。如果連文章內容都包含「傾聽」，那就至少超過一萬本了。

我的內心瞬間豁然開朗了起來。我心想：「原來不是只有我一個人覺得傾聽很困難啊！」如果大部分的人都已經很會傾聽，那應該就沒理由寫成一本本的書籍了吧。大家都在強調「傾聽」是一門多困難的學問。

從那之後開始，每當我又被小孩的話題纏上時，我就比較能用舒坦的心情來面對他。我學著放鬆來跟他對話，因此就算小孩的話量多到爆炸，我還是可以輕鬆地處理。甚至每次伴隨著精神渙散而來的罪惡感也都消失無蹤了。

請各位不要為了想要專注於孩子的話題而「努力」。其實我們跟孩子的人際關係早就完美地締結在一起了，不是嗎？所以只要像平常生活那樣跟他對話就行了。在跟小孩對話的過程中，要將「認真地聆聽」跟「假裝有在聽」巧妙地混在一起。當你有辦法專心聽小孩講話時，那就仔細聽；當你已經處於精神恍惚的狀態時，那就適當地附和孩子的話題即可。這樣做就能撐住了。

當孩子在講話，你卻很難專注傾聽的時候，有些附和詞是很萬用的，在這裡提供給大家。

喔～／喔後～／啊～／啊哈～／哇～／超棒！／讚啦！／天啊～

嗯／這樣喔／原來如此啊／就是說啊

沒錯／是喔／真的嗎？／太好了

在附和孩子的時候，語尾音調記得要上揚，而且這些附和詞還可以有不同的組合喔！「超棒！是喔？嗯～沒錯沒錯。天啊～真的嗎？原來如此啊！太好了。」不管孩子說的是什麼故事，這些組合詞語大部分都可以完美地附和他。

覺得如何呀？是不是稍微放心了點？「但畢竟這不是真心話欸？」「怎麼講起來有點違背良心啊？」可能還有人內心有點疙瘩吧？沒錯，的確有人會有這種感受，但實際上並不是各位想的那樣。其實這些都只是表達方法上的差異罷了，我們這麼做已經是充分地在認真傾聽了。

不論孩子去哪裡，不論他們做什麼，不論他現在臉上有什麼表情，我們不都是整天看著他們嘛！這樣就是一種傾聽了，難道一定要用言語表達才算數嗎？

即使不說出口，也等於說了。光是看到眼神，也能心神領會。

即使只是看著，也都已經在我心裡。

不立即回答孩子的問題也沒關係！
就用書本解決孩子無止盡的問題轟炸

「這是什麼啊？」

從這個問題開始，各位作爸媽的就被捲入小孩「無限個為什麼」的漩渦中了。嗚～小孩子好奇的事情怎麼可以那麼多啊？

這其實是可以理解的。因為小孩知道的東西少之又少，所以他們看到什麼都想問。可是他們問著問著到後來就會變得太超過。尤其在大人吃飯的時候、開車的時候、洗碗的時候，怎麼小孩就偏偏要選在這種時候提出一堆問題咧？而且他們專挑那種超級沒用的事情做出超級真摯的提問，反正就是一定要把爸媽們拉進他的對話框裡。

「馬麻、馬麻、馬麻～為什麼珠穆朗瑪峰要叫做珠穆朗瑪峰啊？」

我有一次上美髮院的時候，就遭受到我家小孩三十分鐘連珠砲似的問題攻擊，連喘口氣或可以逃走的地方都沒有。在那家美髮院裡面只要是看得到的東西，舉凡美髮道具的用途、每個零件部位的名稱，到設計師的每一個舉手投足，他都像記者實況轉播一樣問個不停。一旁不瞭解真實情況的阿姨們、叔叔們可能會覺得「別人家的小孩」好可愛吧？「唉呦～這孩子真聰明！這位媽媽妳可要多吃一點，然後把他好好養大呢！」

「這位媽媽妳可要多吃一點」這句話直接灌進我的腦袋裡。如果要跟問題超多的小孩一起生活，還真的是需要多吃一點才行啊！嗯沒錯，理所當然。然後記得邊吃邊忍耐那股湧上來的不耐煩。

如果父母多吃一點就可以解決這個問題，那還真的是謝天謝地了。可是根本沒辦法。我們查了一堆育兒書籍，齁！一看果然！「要對孩子的提問敞開心胸，而且要以更深入的問題引導他。」幾乎每一本育兒書籍上面都是這樣寫的。

可是啊！這是真的有可能做到的事情嗎？我不想說謊，我自己跟兩個孩子相處時，他們一天當中可以提出上百個問題欸！「媽媽，這個東西要丟哪裡？」我光是回答這種芝麻綠豆大的小問題，我的一天就這樣過去了。連一些我覺得幹嘛硬要問的問題，而且還是我不知道該怎麼回答的問題，他們也全都問了。

「媽媽，六乘以七是多少？」（你明知道答案還問。）

「為什麼不行？為什麼會這樣？為什麼這個不是長這樣？為什麼媽媽每次都說這個嘛……？」

說穿了這種對話根本就是「為什麼攻擊」。要是遭受這種攻擊五十次以上，我真的很想去山上進行不用講話的那種無語修行。在忙得要死的早晨餐桌上也問；在水槽那裡也問；在車上也問……要我溫柔地附和他說「為什麼你對這個很好奇啊？那你的想法是怎樣呢？」坦白來說，我真的做不到。「精神科醫師這樣也可以喔？」我也就免不了被人非難一頓了。

「你就背起來就好了啦！就背嘛！本來就是這樣的。我也不知道啦！啊拜託！不要再問我問題了！」當這些話都已經快湧上喉嚨時，又硬生生地吞下去的媽媽們，光是能做到這點，不就已經很強了嗎？

各位如果有跟我相同的困擾，那很好。我會告訴各位別的做法。用這個方法，父母們不用太努力也可以包容孩子們的好奇心。

我們該做的事情就是準備一本筆記本。可以放在餐桌旁，隨時用來記錄小孩的問題。各位可以邊記錄邊跟孩子對話：「爸爸／媽媽先瞭解一下喔！我也會買書給你，所以你也可以去書上找看看答案。」

這麼一來，孩子就會因為我們有在聽他們講話而感到滿足，父母們也不會因為很煩躁而對孩子發脾氣，雙方都能獲得滿足。

接著下一個階段，就是在有空的時候，很沉著地把答案一一告訴孩子，或者可以買相關的書籍給他看。如果小孩問到有關時間的問題，就買怎麼看時鐘的書；如果他問了數學的問題，就買算數的書；如果他問地理相關的問題，就買地圖；如果他問有關Youtube頻道上的問題，就買跟該頻道作者有關的書籍。

這樣的書送到家裡後，可以叫孩子先自己讀看看。如果孩子書看得多了，就沒有說話的必要了。而且如此一來，還可以自然而然地養成讀書的習慣。根本就是一石二鳥，不是嗎？

最近擺在我家小孩眼前的不是簡單版故事書就是有趣的漫畫書，簡直多得不可勝數。這真的是件值得謝天謝地的事啊！書本都幫我回答了孩子們的問題，而且態度還很親切哩！

各位覺得怎麼樣呢？處理小孩的「為什麼攻擊」，很簡單吧？

從今天開始，希望各位可以泡杯咖啡，享受悠閒的時光，將回答問題的工作交給書本吧！

就算不稱讚小孩也沒關係！

所謂的模範稱讚根本就是一種間接性指令

大家是不是看過很多有關稱讚小孩的書呢？有的說要在過程中稱讚孩子，也有的說要在細節上稱讚孩子等等，各位應該都在很多書裡面看過這些稱讚小訣竅吧？可是呢……各位有好好做到嗎？會不會覺得有點尷尬肉麻？孩子聽到稱讚的話真的對他比較好嗎？

其實稱讚的言語比我們想像的還要難說出口。我自己就是這樣。當我在稱讚孩子的時候，不知道為什麼就是有種很彆扭的感覺揮之不去。「真的只要努力稱讚就可以嗎？可是有點麻煩欸！」我甚至產生了這樣的想法。但如果只是隨意地稱讚孩子幾句，我對他又感到有些抱歉。

而且要是稱讚沒有做到位，對孩子來說反而會變成一種傷害。唉！稱讚怎麼會這麼困難啊？是不是只有我會這個樣子呢？

為此，我為各位準備好了。最能輕鬆地稱讚孩子的方法到底是什麼呢？

我先說結論好了。就是乾脆不要稱讚他。

我好像已經聽到各位低聲驚呼。「咦？現在是在講什麼東西啊？意思是叫我們都不要肯定和鼓勵孩子嗎？」我知道各位一定會這樣想。

得到別人的認可時，自己內心會有多喜悅呢？怎麼可能不稱讚啊？如果能讓心愛的孩子幸福，我有什麼是做不到的？更何況稱讚又不用付錢。但是，書上所說的那些所謂「值得嘉許的稱讚」，實際上要做起來是相當困難的。我不會要各位去做那種類型的稱讚。我來舉個例子好了。

有個孩子把他的畫拿給他的媽媽看，然後一邊叫「馬麻～你看！」的時候，這位媽媽本來想稱讚說「哇～你畫得好好喔！超棒的！」但沒有說出口，因為她瞬間想到書上說「不要稱讚結果，而是要稱讚過程才對！」所以就轉口跟孩子說：「天啊！你把圖畫得好仔細喔！花的顏色也畫得好漂亮！」

這真的是很標準的模範稱讚。這個媽媽稱讚了孩子作畫的過程，也稱讚了他圖畫的細節。很好。

可是，每一次都要做到這種程度是很困難的。很奇怪的就是講不順口，那些稱讚的言語都是要很努力練習才能講得好。可是孩子光是一天當中，就會有幾十次拿些什麼東西想跟大人炫耀嘛！所以當小孩第三十次拿他的作品來給你看的時候，自己這時已經筋疲力盡，感到不耐煩了。

在育兒過程中最重要的東西是什麼呢？就是父母們不會感到疲憊。因為必須這樣，才不會對小孩發火。我們應該輕輕鬆鬆地前進才行。該跟孩子說的話多到跟山一樣，所以請不要連稱讚都耗費這麼多心思。我要告訴各位一個真的很簡單的方法。

你們問我，該怎麼做嗎？其實沒什麼特別的，算是我們都很擅長的事，那就是——以像跟好朋友說話的態度來對待孩子。

我們具體地做一遍看看好了。假設我們的好朋友畫了一張圖，然後拿給我們看。這時我們會說什麼？請各位不要想太多，就直接說出來看看。

「哇～讚啦！超～棒！你真的很會畫耶！」然後給他比個讚！這樣就可以了。我們對朋友只會這樣說，不是嗎？因為我們不會去期待朋友以後更努力畫畫嘛！所以就會很單純地給他「讚嘆」。這樣對彼此來說都乾淨俐落。

如果這時候你做了以下的稱讚：「哇～你努力畫了很久齁！」（稱讚作畫過程），或是「因為你很努力，所以你的實力提升很多欸！」（稱讚他實力提升），或說「你覺得紅色洋裝是很特別的嗎？這方面你觀察得真仔細，好棒！」（稱讚畫作的細節）。

你覺得朋友聽了會比較開心嗎？不會，反而還會莫名地覺得不太舒服。你明明更有誠意地稱讚了，可是氣氛卻變得很怪。

各位還沒什麼感覺嗎？好吧，我知道了。我再舉個更扎心的例子。現在就想像一下我們去先生的父母家裡作客好了。婆婆嘗了你做的菜之後，你會希望她怎麼說比較好呢？

「這道菜真好吃！」結束。

只要說到這樣就夠了。此時要是她這樣說：「我們媳婦真努力準備欸！妳在這段期間做菜的實力提升不少喔！看到妳總是這麼努力的模樣，我覺得真好。尤其妳還在味噌湯裡面放了香菇，好像變得更好吃了呢！這點子真棒！」

聽到這些話我們真的會覺得開心嗎？才不會呢！對吧？「婆婆是要我下次再來做菜才那樣說吧。」我們反而容易馬上產生這樣的想法。

所以才說乾脆不要稱讚。阿德勒有強調過，「稱讚」基本上是一種上對下的行為。稱讚本身隱含著「希望對方那樣去做」的企圖在裡面。有句俗話說「稱讚能讓鯨魚跳起舞來」，對吧？這是沒錯的。如果想要讓鯨魚跳舞，就要稱讚牠。那是一種「想要讓對方按照我的意思來行動」的間接性指令。

「你把垃圾整理乾淨了，我好開心！還好有你，我的負擔真的減輕好多！」

↓希望你以後也都能幫我整理垃圾。

「哇！你把圖畫得好仔細喔～花的顏色也好漂亮呢！」

↓以後也像這樣「努力地」、「認真地」畫畫吧！

隨之而來的是，被稱讚的人心情會莫名地不爽。「原來稱讚是想要操縱我喔！」在下意識當中就會產生這樣的聯想。同樣地，孩子也全都知道。孩子如果聽到具有企圖的稱讚，心情也會不好。

即便我這樣說，各位還是想要為了讓孩子能好好讀書而稱讚他嗎？那就這樣做吧。當孩子拿著他的成績單來到各位面前炫耀的時候，爸媽們可以這麼說：「哇～你考得很好！很棒！」孩子光是得到這個稱讚就會很開心了。然後他就會回到位子上，繼續努力做些什麼。

從今天起，就請大家準備好您的大拇指和讚嘆。當孩子靠過來炫耀他的成果時，就立刻發射～

讚啦！超～棒！最棒了！

沒有陪小孩玩也沒關係！
與其忍耐玩遊戲，不如一起做你覺得有趣的事

「馬麻～馬麻～我好無聊～」

（可是我不無聊啊！）

「馬麻～馬麻～馬麻啊啊～～」

（你就不能去煩一下把拔嗎？）

「把拔我想跟你一起玩～你看這個～」

（把拔比較想自己玩。真心不騙！）

所有的育兒資訊幾乎都是要父母積極地陪孩子玩耍，對吧？而且還強調育兒

時最重要的就是花時間陪伴孩子，又說量不是重點，質才是。

我相信各位也一定很清楚陪孩子玩耍的好處。如果父母們積極地陪伴孩子，能培養跟孩子的依附關係，能幫助孩子的情緒發展，甚至能促進孩子發展身體的各種機能。沒什麼比這個更好的萬靈丹了。

講到這裡，大家可能會開始不安了起來。

「要是我沒有積極地陪孩子玩耍，跟孩子的依附關係就會變得不穩定，而且孩子還會有情緒發展上的問題，還可能錯過讓孩子發展五育的機會……」

當父母們感到不安時會怎樣呢？就會開始上網搜尋資訊，查一下有哪些陪孩子玩的方法。然後會看到很多像是媽媽專用的遊戲、爸爸專用的遊戲、陪孩子玩的超簡單遊戲等等。

而且除了不安還會感到挫折。明明網路上都說這遊戲超簡單，可是我怎麼就覺得很難呢？我的耐心已經完全見底了，體力也完全不夠用。我怎麼有辦法以這樣的身體狀態陪孩子玩耍？如果先生也沒辦法照專家說的那樣跟小孩玩，瞬間還會開始埋怨起先生。到後來只剩下這樣的想法：是不是只有我的孩子落後人家呢？這真的是多虧了他懶惰的爸媽啊！

在這種氛圍（壓力）之下，如果我們什麼都不做，只是跟小孩在一起度過這尷尬的時間，光是五分鐘也會讓人覺得坐立難安，總覺得好像應該做點什麼有意義的事情才對吧！

可是問題就在於到底能跟小孩玩些什麼？我們實在是不知道啊！畫畫也已經畫過了；看書唸故事給他聽，他又說無聊。不然要再給他堆積木嗎？帶出門我又覺得累。一天的時間怎麼過得這麼漫長啊！

說真的，跟小孩玩比做任何事都沒意思。我已經一整天都在想辦法試著跟他玩了，我要這樣繼續下去嗎？啊……我真的做不到！看來，我真的是個壞媽媽。

各位也有著類似的煩惱嗎？有人在跟小孩一起發呆的時候，飽受罪惡感折磨嗎？我準備了一些建議給各位。接下來要告訴大家有關陪孩子玩的三個事實。

1. 陪伴孩子玩耍本來就是一件無趣的事情。
2. 這並非以愛就能克服的問題，強迫自己做到只會讓自己生氣。

3.會說「不陪孩子玩耍的父母會搞砸孩子的人生」這種話的人，自己並沒有養過孩子。

坦白來說，陪小孩子玩怎麼會覺得有趣啊？大人跟孩子之間差了將近三十歲（或以上），生活過的環境、關心的事物都不一樣，不是嗎？跟小孩玩躲貓貓之類的遊戲，三十分鐘還會覺得滿好玩的，但我玩膩了該怎麼辦啊？陪小孩玩真的很累人。

這真的跟愛不愛孩子無關。這個世界充滿了非常多光是靠愛無法克服的事物。這點我們不是早就知道了嗎？看看我們跟自己父母的相處就知道了。父母很愛我們沒錯，但他們並不想跟我們一起玩，不是嗎？

我們跟孩子之間也是一樣。雖然我們很愛孩子，但是我們有時候也會產生「實在無法再跟他玩下去了」的想法。如果硬是把這想法壓下來，到最後父母們就會開始變得很不耐煩。「好囉！到此為止囉！停，停！」搞到後來形成自己不開心但還是不得不陪伴孩子玩耍的局面。

總覺得心裡不太舒坦嗎？是的。我知道各位想要說什麼。我可以理解那心情。無論陪孩子玩的時候是否夠努力，「我必須陪孩子玩」的這份義務感就是很難放下來。「父母必須透過陪孩子玩耍來培養依附關係」、「孩子會透過玩耍來成長」……因為我們接受了太多類似這樣的訊息，才會萌生這樣的想法。

不過話說回來，在吃飯的過程中，我們溫柔地餵孩子吃飯；當他哭泣時安撫他；冬天時讓他穿得暖和，夏天時就讓他穿得涼爽些，難道這些種種行為都不能說是跟孩子玩，難道這些都無法培養依附關係嗎？畢竟對子女來說，父母就是這個世上跟自己最親近的人啊！

即使父母們沒有積極地跟孩子玩，也不會對孩子的情緒發展造成什麼負面影響。各位請想想，以前我們的父母陪我們玩耍的時間又有多少呢？其實並不多吧？即使如此，我們還不是就這樣好好地長大了，不是嗎？

有些孩子可能會因為被父母虐待，而產生情緒方面的問題，但是，因小時候父母沒有一直陪著玩而產生問題的人，在精神科門診病人中連一名都沒有。那麼所謂的智能發展呢？如果陪玩就可以讓智能變得發達，那我覺得這也足以頒發一座諾貝爾獎了啦！我是不會再針對這部分多做說明的。

只要在自己能力所及的範圍內，配合每一個當下的狀況來做就可以了。就像跟好朋友一起玩那樣。硬逼自己忍耐，那根本是沒有必要的事情。因為在那同時，孩子也會感受到對方「不想跟自己玩」的被拒絕感。

以前我的孩子在要求我陪他玩的時候，我覺得看書比較有趣，所以至少還有唸故事給他聽。要是連讀書都覺得有點麻煩的時候，就會跟孩子一起鋪臥房的棉被，或者把浴缸放滿水。畢竟不管大人或小孩，都一樣會喜歡滾棉被跟泡澡嘛！我這個方法到目前為止都還沒失敗過喔！

所以請各位從現在起，就把用不上的遊戲道具都清掉吧！不要再覺得有壓力了。不要再因為陪孩子玩而把命都豁出去，然後自己得內傷。也不要再無緣無故地找先生麻煩了。打開電視一起看部電影吧！

從今天開始，就讓日子過得容易一點吧！即使這樣做也沒有關係的。

PART 01

小孩的個性很敏感也沒關係！

學會肯定與接納，讓高敏感成為一種能力

各位的孩子個性很敏感嗎？這樣的孩子真的很不得了，對吧？因為他對每樣事情都看不順眼，所以照顧起來，根本就像面對大老闆一樣。

光是去個新開的餐廳，也不是件容易的事。他可能會先把腳步停在餐廳門口，瞥了一眼之後，要是那個氛圍他不喜歡，馬上就跟你說他不要吃了。（欸？我們現在可不是在約會啊！我們是因為肚子餓所以才來餐廳吃飯的嘛！）

好不容易進到餐廳裡面開始用餐。不是一下子嫌菜的味道太甜太鹹、或味道很怪，要不然就是不喜歡那個食物咬起來的感覺。能讓他吃不下去的理由真的是千奇百怪。「要不然你不要吃好了。我們馬上回家！」當你這樣講的時候，他又在那邊嘟嘟囔囔。好啦，再來就是嫌隔壁桌的人太吵，讓他受不了。（噢我的老天鵝！在我看來，你才是這間餐廳裡最吵的那一個啦！）

這種孩子因為感官很敏感，所以也很容易感到疲憊。一去到人多的地方超過三十分鐘，魂就會開始出走，眼神變得渙散，動不動就很不耐煩。一直在那邊扭來扭去，彷彿一隻魷魚。一家子好不容易出了門，到後來父母們只能以「你給我坐好！不要大喊大叫！」的碎碎念或崩潰吼叫來收場。

這並非很難理解的事情。事實上，我自己本身也算是很敏感的那種類型。在稍微亮一點的地方就睡不著，一定要有遮光窗簾才可以。而且時鐘的指針聲音也會讓我不舒服，所以我家的時鐘全都是無聲款的。

但即便如此，我看著自己的小孩，還是會覺得「他這樣不會太超過嗎？一點點忍耐力也沒有嗎？」坦白來說，雖然他是我的孩子，但是那惹毛我的瞬間真的會讓我覺得他根本就是個無賴。然後還很擔心未來他無法好好適應這個社會生活，人生恐怕會過得很辛苦。所以剛開始的時候，我為了改正他這種敏感的個性而付出相當多心力。每次我都會很嚴格地反覆跟他說：「這種程度你應該要忍耐！」可是其實效果不太好。

既然如此那就接受吧！本來就沒什麼耐力的年紀，哪有可能一天兩天就生出耐性呢？再加上孩子的感受力本來就比大人高，所以用感覺變鈍的大人標準來衡量是不行的。

這讓我回想起我孕吐的那段時間。我連聞到紙箱的味道都會感到噁心反胃。這時候要是誰說：「紙箱的味道哪有什麼？妳忍一下就好啦！」我也辦不到嘛！這種時候，最好的答案就是躲開那些東西。那要持續到什麼時候呢？直到我不會孕吐為止。

一想到這些曾發生在我身上的情況，我就更能理解我的孩子。「你因為像我，所以在這個世界上生活的時候，也是挺辛苦的吧？」轉換了想法之後我覺得有些難過，但看著孩子的行為而感到討厭的心情也開始緩和了下來。

另一方面，我開始有了這樣的想法：天生比較敏感的人，能對世界帶來好的改變。因為自己對某些事情先感受到不舒服，才會想到要改善這些部分。蘋果創始人史蒂夫．賈伯斯不也是個相當敏感的人嗎？身上好像裝了很多引爆按鈕一樣，根本無法忍耐。

前面也提過我自己很敏感的部分。我對環境的聲音尤其敏感，對秒針的聲音特別無法忍受。所以生了兩個孩子之後，想想看我養孩子時會有多辛苦啊！那時經常不耐煩而發脾氣。因為太煎熬了，我開始思考到底怎樣能不對孩子發脾氣，還為此找了許多資料，到現在甚至能寫成一本書。齁！誰知道敏感的個性還能為我帶來這樣的好處呢？

其實這個社會逐漸需要更多具有敏感個性的人。肉體勞動被機器取代，人腦也被人工智慧超越，現在就是這樣的時代。因此，人們剩下的優勢就是感性。為了發現更多需求，對於「什麼東西會讓人舒服、什麼東西會讓人不舒服」具有本能性感覺的人，在這個社會上將會取得更有利的位置。此外，看看那些成功的領袖人士，他們當中個性敏感的人其實相當多。他們比較能抓出別人沒察覺的失誤，而且在觀察團隊成員的心情時，「敏感」是一個必要項目。

就像這樣，敏感是一把兩刃劍，有缺點也有優點，而且也無法改掉。因此我們應該要去理解孩子這樣的特質，想辦法讓他活出個性上的優點，然後花些時間等待就好了。

PART 01

小孩個性畏縮也沒關係！

小心翼翼的人不等於膽小鬼

「男孩子怎麼這麼畏畏縮縮的？」對男孩子來說，這不算是一種辱罵。但全世界數不清的孩子都因著「膽小」這個罪過而承受「鼓勵性的懲罰」。

「去跟朋友講話啊！加油！」

「有想要的東西就勇敢說出來啊！你可以做到的！」

可是，個性畏縮的孩子絕對無法照著大人說的這些話去做。不管大人再怎麼鼓勵他說「你可以做到的！」但他還是做不到。這時候父母們都會鬱悶到快瘋了吧？尤其當爸爸的，他們會對男孩子這樣的表現感到極為失望。當這種鼓勵越過了線，就可能會演變成要孩子大膽的一種強制要求。

話說回來，其實畏縮並不是那麼壞的一件事，畢竟這也不會對別人造成傷害啊！但即使如此，自己的孩子如果有這樣的個性，父母們常常會在不知不覺當中嘆氣，而且會因為很想幫孩子改變個性而感到心急。最後不管是父母還是孩子，都莫名地因為這沒頭沒尾的失望而倍感煎熬。

我想這一切可能都是因為「本能性的恐懼」而造成的。父母們擔憂孩子無法保護他自己。畢竟以前的時代是必須仰賴勇敢才能生存的嘛！以前人們如果要打獵，或要擊退攻擊過來的敵人，就必須相當大膽才可以。然而，如今時代已經變得不一樣了。現在不會再強調畏縮帶來的巨大影響。比起莽撞地猛衝的勇敢行為，比較小心翼翼的人反而擁有能生存下去的有利面向。

這樣的人因為比較謹慎，所以會把重心放在「安全」上。他們會對有危險性的事物仔細評估，並且為了不要出現差錯而做好準備。這點對於一些需要高度技術的職業來說，是絕對必要的人格特質。舉例來說，當醫生就很需要小心翼翼，唯有對每一個細小的部分都相當仔細，才不會發生事故。還有，經營事業的人如果有這樣的特質，比較不容易把事業搞砸。所以其實這是一種有著非常多優點的人格特質。

而且最近也來到了「無接觸時代」。現在的社會形態已經不需要讓自己變成那種大膽積極的人。在社會生活、職場生活中，因畏縮而可能帶來的損失，如今也都消失了。

不只如此，畏縮其實是一種人格特質，並非是什麼需要改正的疾病。比起別人更容易感受到危機，因此事先做足準備，這有什麼不對嗎？事先想到可能會有的危險而避開，這又怎麼了嗎？反倒是那種自己感到害怕時，「怕被人家笑是膽小鬼」而什麼話都不敢說的人，才是更膽小的人不是嗎？

我自己就是那種偏向畏縮的個性。有時候為了申請某些服務，我甚至要猶豫三十分鐘以上才會打電話給服務中心。在餐廳吃飯的時候，比起跟服務人員要水來喝，我通常會等到回家才喝水。因為無法跟人家搶車道，所以我是不開車的。不管是覺得危險的時候也好，或是我不願意的時候，我就不會坦白地說出內心話。但我並不以這樣的自己為恥。我就是那樣感受的，能怎麼辦呢？我何必隱藏呢？而且，並不是說因為具有這樣的個性，我就不是一個勇敢的人。

我的孩子也像我一樣具有這種小心翼翼的個性，如果能適當地加入一些勇敢的特質，當然是會變得更理想沒錯，但是，擁有這樣的性格也都是自己的命啊！我們自己的個性難道都能合自己的心意嗎？

時間就是良藥。孩子會一天天變好的。我們也是一樣，跟年幼時的自己相比，現在的我們個性已經改變很多了，不是嗎？我們都變得圓滑，甚至還變成老油條了，對吧？當年我們難道有因為父母的努力而改變嗎？真的是不好說。大部分的人都是在跟這個世界碰撞的過程中才改變了。父母送我們去學跆拳道之後，有變得比較大膽嗎？如果有，那就真的是一件太棒的事情啦！

所以各位就別操煩了，不妨先放下吧！個性畏縮並不等於膽小鬼。請這樣告訴孩子：「如果害怕，不去做也可以。沒有什麼事情非得勉強自己去做。當你感到害怕時，因為害怕而說出來，這才是真正的勇氣。你並不是膽小鬼喔！」

小孩沒有努力交朋友也沒關係！

只要有家人的愛，他們終究能適應社會

我自己呢，其實覺得交朋友是一件最讓我感到辛苦的事情。但是從我的外表是看不出來的。因為我總是會笑著跟人家打招呼，跟別人對話的時候，還會附和對方、拍手大笑，所以別人都以為我的社交能力很好。有些人看到我還說，我去當業務應該也會做得很不錯。唉喲我的天啊！

事實上這些形象跟我原本的樣子真的是大相逕庭。我其實是一個非常消極的人。那種積極的模樣其實可以算是一種面具。出門在外時，我總是會穿上一件名為「外向的人」的衣服。

當然，我跟認識很久的人就能以沒有防備的狀態來舒服地對話，可是問題就在於我身旁這種人屈指可數。有種說法是，如果你能在一個晚上用電話約到五個朋友願意出來，就可以說是幸福的人。但是我連在大白天裡可以打電話的朋友都不到五個。

而我的真面目大概就我先生、我媽、我爸、我妹妹知道而已。我跟我先生是認識並相處很久一段時間後才結婚的，但是我朋友少成這樣，他也是真的不知情。啊慘了，我好像把我的祕密說出來了。既然現在這件事已經不是祕密了，那麼我就跟大家稍微多聊一點吧！

我從小就很難交到朋友。在我念小學以前就是這樣了。即使有滿合得來的人，但很奇怪的是，我總是會覺得很孤單。不知怎麼的，我就是覺得周遭都只是一種表象，而我所在的世界好像也不是那個樣子。

別的小孩子都會互相說「你是我的好朋友！」然後勾著彼此的手臂走路，我則沒有那種可以被人家勾手臂的自信，而且也沒有那種魅力讓別人想要來勾我的手臂。我就是那種人家不想親近的消極的孩子，不知為何看起來就是很寒酸又沒存在感。那就是我。

「妳真的很善良」我常常聽到這種話，可是我別無選擇。人在跟朋友鬼混的同時，也是一種可能會變壞的契機，對吧？但我即使善良、不會帶壞別人，好像也沒有人想要靠近我。「要是我主動去靠近別人，也許就能跟對方變熟了吧？」可是我辦不到，我對這樣的自己感到心寒，卻還是提不起勇氣。我很羨慕人際關係很好的那些同學們，他們就算什麼都沒做，其他人也都會主動靠過去。

在我年紀很小的時候，一直都是這樣——既沒什麼人緣，也沒什麼聊得來的朋友。但反正我都這在村子裡這麼久了，即使這樣也沒什麼關係。之後到了國小五年級上學期，我轉學了，我轉去一個很遠的地方。其實面對轉學，我也是很擔心的。不過大家都對轉學生特別好奇嘛，所以同學們都會圍過來問你名字啦，問你要不要一起玩之類的。我那時還因此結交到了好朋友。

可是問題就發生在接下來的那個學期。那時我被丟到完全沒有熟悉同學的新教室裡，我想，根本沒有人會對我感興趣吧。但結果不是這樣喔！那時有幾個同學主動靠近我。我可以用華麗來形容她們嗎？那些同學任誰來看，都是一群相當顯眼的學生。她們身高高，長得漂亮，而且頭腦也很聰明。她們總是會三三兩兩地形成小團體來行動。她們有過來跟我講過幾次話。

到了六年級，我的個性變得更加敏感。我覺得是因為上個學期我功課表現很好，所以她們才會對我有興趣。她們問我：「妳去哪個補習班啊？妳喜歡什麼呢？興趣是什麼？」我那時的態度相當模稜兩可。我並不是討厭這些同學，而是我並不知道該怎麼跟他們應對，所以才給人一種扭扭捏捏的感覺。結果後來我立刻就被人討厭了。之後大概到了初夏的某一天吧！下課時我正在收拾書包，就有一個同學傳話過來給我。她說：「欸，大家都說妳帶衰！」

這段回憶即使現在想起來，我還是會覺得心臟撲通撲通地狂跳，眼淚好像快要掉下來。到底是誰傳了這些話給我，其實我現在已經想不起來了。只記得聽到的那瞬間，我感到不知所措，難為情到不知道該說些什麼，又感覺很丟臉、很害怕，只覺得快哭出來了。

後來我鼓起勇氣抬起頭來，發現教室那邊有四個同學正在看著我。她們是在嘲笑我，還是看我不順眼？總之那表情我也不太懂是什麼意思。從那天以後，我就完全以一個局外人的身分在學校過生活。反正我本來個性就很畏縮，那時連想跟誰搭話的念頭都沒有了。

幸好之後求學的期間，我再也沒有遭遇過類似被排擠的狀況。不過也沒有因為這樣，我就在交朋友方面變得比較努力。到了隔年三月，我的運氣變得稍微好一點，有了一個比較要好的朋友，那一年就過得還不錯。要是沒有他，可能那年的交友分數就不及格了吧！總之我的日子就是在這種狀態下得過且過。

不過，即使那年沒有交到知心好友，我跟班上同學也還算是混得滿好的。只是一旦遇到要校外教學的日子，或者是需要找同伴組隊的情況時，我還是會有種「我可以跟誰一組呢？」的不安感。到了下課時間或中午吃飯時間，我還可以酷酷的裝作若無其事的樣子，可是內心卻煎熬到跟地獄差不多。那時我心中常常祈求，拜託這個時候不要有任何人發現我是獨自一個人⋯⋯。

其他人好像都不用特別做什麼，就可以自然交到朋友，為什麼偏偏我做不到呢？問題到底出在哪裡呢？我當時感到很鬱悶又很悲傷。就算上了大學，我的內心還是有點空蕩蕩的。所以那段期間，我讀了很多待人處世相關的書籍，像是如何給別人好感、說話的技巧、人際關係心理學等等。

多虧了這些書，我終於變得稍微像個「正常人」了。我變得比較愉快，看起來也像是個懂得社交的人。如今的我，再也不會感到畏縮了。跟小時候的我相比，我現在的人生路變得舒坦許多。但是回想那過往，真的充滿著言語無法表達的煎熬。少說也有二十年都是這樣走過來的。

我的兩個孩子當中，就有一個幾乎是把我的個性完全複製貼上。不管去到哪一個幼兒園還是安親班，他都非常難以適應。每次看他們拍出來的團體照，他總是縮在最角落的那一個。不管什麼時候，他總是要牽著老師的手，然後常常是一副要哭不哭的樣子。我每次看到照片中孩子的表情時，就會感到一陣心酸。我的孩子未來還要經歷多漫長的孤單寂寞，我是比誰都更清楚的。

我很希望讓我的孩子在求學時期能過得幸福快樂。所以我好像業務員遞名片那樣，跑去跟每一個家長一一自我介紹。「您好～我是允浩的媽媽啦！您是五班的徐恩的媽媽對吧？我們可以多聊聊喔！」我打從出娘胎以來，這還是我頭一次先跑去跟別人靠近並搭話。我還跟讀書一樣去熟記其他媽媽的臉。因為記得又叫得出別人的名字，會增加對方的好感嘛！

每次孩子有活動可以帶點心去學校時，我總是讓他把點心裝得滿滿的帶去，然後交代他要跟朋友分享。因為我以前總是很羨慕可以帶點心來分享的那些同學們。我覺得那樣就可以得到多一點別人的關心。

可是我家小孩每一次都將點心原封不動地帶回來。

「為什麼就這樣帶回來呢?應該要分給同學啊!」

「我就覺得很丟臉嘛!」

啊!原來我讓我的小孩覺得有負擔了。連我也在沒有自覺的情況下,對孩子傳達出「你沒有付出更多努力去交朋友,你這樣不行啊!」的訊息。那是我小時候就接受過的訊息。

我媽本身是一個很會交際的人,所以她完全無法理解我的情況。她常常碎念我,例如「高中時期的朋友就會是一輩子的朋友,妳都沒朋友,這是要怎麼辦喔?」之類的話。雖然那都是基於擔心而說出來的言語,可是我每次聽了都會感覺她在對我說「妳做得不夠!妳這樣很奇怪!」比起在學校被孤立,可能因為我在家裡也得不到認可的關係,所以才會更加覺得孤單。

其實我很清楚自己的不足。就像我的母親所說的,長大之後都沒有可以約出來見面的同學,是一件非常令人惋惜的事情。雖然這是事實沒錯,但是我就不是那種人,能怎麼辦呢?無法交到朋友,這已經讓我感到萬分難過了。雖然她沒有直接對孩子這麼說,不過她那些說法,也差不多可以視為「妳無法交朋友,就是妳不夠好」的意思，只不過巧妙地換個方法說出來而已。然而，那些言語已經對孩子傳達出這樣的訊息了。

前面我有提到過，現在我已經不知道什麼叫做畏縮了，對吧？沒錯，我是真心的。所以我真的很感謝，這一切都多虧我的孩子、家人。

就算我是個不夠社會化的人，就算我做事會失手，我的孩子也都不在乎，他就是單純地喜歡我。「媽媽，我在這個世界上最喜歡妳了！」我這輩子第一次遇到每天都這樣說並且如此喜歡我的人。

我現在能活得如此快活又積極正面，我想應該是託我家人的福。「我是得到愛的人啊！所以別人應該也會喜歡我吧？好吧！就算沒有也沒差，反正我還有我的家人。」我是真心這樣想的。

如果孩子很難交到朋友，就請各位成為他們的朋友吧！請一定要擁抱他在外面感受到疏離的心。隨著時間流逝，孩子適應這個世界的速度就會加快。直到那個時刻來臨之前，請各位無條件地喜歡他們吧！

小孩三歲前不是媽媽照顧的也沒關係！

放下焦慮不安，孩子就會好好長大

「跟孩子培養依附關係的決定性時機，大約在出生後滿三十六個月之前。」各位應該也聽過很多這樣的說法吧。這個說法沒有錯。因為那是孩子初次產生人際關係的時期。如果在這個時期能給孩子充足的安全感，他就能比較順利地適應環境。所以那些育兒專家們都不斷強調，在這個時期當中「養育者的角色」是非常重要的。

再仔細看看這些專家給的建議，都是一直強調「要溫柔地對待孩子，不要因為嫌麻煩就把孩子放著不管」之類的，但是這些內容都把焦點鎖定在「養育者」來進行分析。「在培養依附關係方面，完美的養育條件是什麼呢？不就是母親本人的撫養嗎？」他們最後做出來的結論通常就是這樣。

這樣的說法並沒有錯。世界上哪還會有像媽媽一般愛著自己孩子的人呢？在孩子滿三十六個月大之前，如果做媽媽的可以親自照顧，那就不需要多煩惱些什麼了，反正就好好養育就行了。但因為各種因素而不得不拜託別人照顧孩子的媽媽們該怎麼辦呢？

在孩子滿三十六個月大之前，職業媽媽們一定都在煩惱到底要不要遞出辭呈，一天當中，這種念頭的提醒視窗總是會不斷在腦中彈出來。每天要去上班之前，如果孩子伸手抓住自己，就擔心他是不是缺乏依附關係的安全感；當孩子在幼兒園跟其他小朋友處得不好時，也擔心他是不是缺乏依附關係的安全感；當他開始像個跟屁蟲一樣黏著自己時，又擔心他是不是缺乏依附關係的安全感。

我自己在生產後三個月，就馬上恢復上班。我無法用養育孩子當成理由而不上班，當時的狀況就是這樣。每當所謂的「三十六個月」這個數字一浮現腦中，我就會堅決地說服自己「沒關係，沒關係的！」可是另一方面，內心卻感到相當不安。為什麼沒辦法安心呢？我還是個精神科醫師欸！

我們家的情況是沒辦法把孩子託付給娘家或婆家的，所以連育兒都是請保母來幫忙。有請過保母的人就知道，那心中的壓力是言語無法描述的。那是一種擔心我不在的時候，孩子會不會被虐待的不安感；還有，就算保母讓我不滿意，我也會擔心她把氣發洩在孩子身上而不敢說出口，只能在心中讓情緒乾燒。最慘的是什麼呢？就是在好不容易適應了之後，保母卻突然說她不做了。我當時大概一年就換一個保母。真的是沒有比這個更令人不安的育兒環境了。

當時到底該怎麼做，我實在抓不到頭緒。茫然的我真的很希望有誰能夠明確地告訴我：「妳當然可以繼續上班。」或「妳不要上班了，現在應該是要照顧孩子的時候。」

「白天我沒有親自照顧孩子，孩子長大以後會不會出問題？」

「難道我上班就應該有罪惡感嗎？」

「如果錯過了孩子的這個時期就完蛋了，那我會不會一輩子後悔呢？」

「我的人生當中現在最重要的事情到底是什麼？」

即使煩惱這麼多，我還是找不到答案。我做不出任何選擇。然後就在我這樣猶豫不決的情況下，我的孩子就這樣長大了。

我很慶幸現在能跟各位分享這些故事。在自己和他人的意見兩相參半的交戰之下，我的孩子就這樣唏哩呼嚕地長大了，也沒有出現什麼嚴重的情緒問題。

各位看看周遭的人，其實也都是這樣。不管是被奶奶養大的孩子，或給保母帶大的孩子，其實也都沒有什麼親子依附關係方面的問題。不管怎麼看，這都是想當然的事情，不是嗎？配合每個當下來照顧孩子，這才是最重要的啊！由誰來照顧，這問題真的有那麼嚴重嗎？時間過去之後，孩子其實不太會記得是誰照顧自己的嘛！各位難道記得自己滿三十六個月大之前的事情嗎？

在我認識的精神科醫師當中，在孩子滿三十六個月之前有親自照顧的人，就我所知連一個都沒有。我也沒看過有人停職休息一年以上的。大家都在生完小孩後兩到三個月左右就陸續恢復上班。如果說孩子三十六個月大以前，母親的養育會對孩子的情緒造成決定性的影響，那麼大家早就不上班了，不是嗎？

媽媽們去上班，這到底會不會造成親子間依附關係方面的問題？這相關的研究結果其實跟我們推測的結果是一樣的。就算媽媽們在生產後幾個月內就回到職場，跟孩子之間的關係也不會發生問題，這就是結論。

所以，各位不用對此太過擔心。喔不，是不應該擔心才對。根據一個研究結果顯示，雖然去上班這件事本身不會對母親和孩子的關係造成任何影響，但是若母親感到不安，就會讓孩子的分離焦慮變得嚴重。所以，既然都要去上班了，就放寬心地去上班吧！

即使已經這樣告訴各位了，但如果在孩子滿三十六個月大以前，自己還是會因為無法親自照顧而感到自責，那麼試著換個角度思考吧！當孩子長大，也為人父母之後，你可以跟他說，我會當個令人放心的養育者，讓我來幫你照顧孩子吧！讓我成為幫助你情緒安定的最大支柱吧！

依附、依附、依附，大家都在說的「依附關係」到底是什麼？

孩子出生後，在三年間會快速地成長。身高體重的增加自然是不在話下，本來只能躺著讓手腳動來動去的孩子，在一個瞬間會變得能跑又能跳。說話方面的表現也是常常令人感到驚奇。

在孩子變化快速又驚人的時期當中，作父母的常常會以超級緊張的姿態來確認孩子舉手投足間的動作、反應，就深怕孩子會不會有遲緩的現象，或是有沒有什麼問題等等，總是擔心這個煩惱那個。這裡還要多加上一個煩惱，那就是「有沒有好好培養跟孩子間的依附關係」。

在所謂的「依附關係」這個名詞面前，作父母的總是會感到相當不安。這是因為不論是孩子的情緒或身心發展等，多少都可以用眼睛觀察出來，可是所謂的「依附關係」到底是什麼，就很難掌握了。

不只如此，把這個時期的孩子的所有外在行為都以「依附理論」來說明的人實在太多了。孩子只要稍微黏人一點，他們就會輕易地給出評價：「小孩似乎在依附關係方面沒有安全感喔！」萬一孩子在幼兒園適應不良，光是想要找媽媽、或者在媽媽上班時經常哭泣，這種人就很容易將這些行為當成是孩子沒有好好跟父母養成依附關係的證據。將小孩託育給別人照顧的職業媽媽們，也只能對這些評價乖乖投降。

依附關係究竟是什麼，為什麼能讓這麼多問題的矛頭都指向它呢？

所謂的依附關係，是由約翰・鮑比（John Bowlby）所提出的心理學概念，他提到這是一種「人在生涯初期時，跟親近自己的人所締結的強烈且持續的情感連結。」簡單來說，就是孩子跟母親之間或跟主要養育者之間的緊密信賴，類似愛戀的情感。孩子會將養育者當成自己的庇護所。

依附關係會隨著時間而有所改變。在出生後六週到三個月大左右，孩子對經常看到的熟面孔會報以偏愛的行動。在滿六個月大之後，就會跟一個個體正式地形成紐帶關係，比如說只會擁抱母親，並且在看到陌生面孔時會哭泣，都是在這個時期常見的行為表現。

之後到了十個月大左右，有相當多的孩子會跟媽媽、爸爸、祖父母、手足、親近的鄰居等人產生依附關係。到了十八個月大左右時，幾乎所有的孩子都會到達這個階段。孩子就像這樣漸漸地走進這個世界。

依附關係的形成是人類在發展的過程中，自然而然會經歷到的過程之一。人類會長高，會開始講話，變得能跑能跳，所有的孩子都會在這樣的過程中開始經歷社會生活。也就是說，如果是在一般正常的環境下，孩子在依附關係方面是不會出現任何問題的。

如果想要給孩子建立良好的依附關係，養育者只需要敏銳地、妥善地、即時地發覺孩子的需求並給予回應就行了。其實這也是身為養育者的基本條件。無視於孩子的需求，這叫做置之不理，就是一種虐待。也就是說，如果養育者有帶著情感來照顧孩子，就根本不需要擔心依附關係的培養。意思就是說，這無關乎孩子的媽媽是否去上班。不管是誰來照顧孩子，只要有做到這點，就不會出問題。

此外，約翰・鮑比的依附理論是針對在二次世界大戰中失去母親或長期缺乏照顧的孩子來進行觀察，是基於這個背景做出結論的。依附理論相關的研究發表時間點，大約落在一九七〇年代左右，而現代的育兒環境和條件跟那個時代相比，早就已經截然不同了。在如今只生一兩個孩子，並且將盡心盡力的照護視為理所當然的現代社會中，將孩子所有的行為全都用這個理論來分析，這未免也太過牽強。

處在陌生的環境時，即使已經是大人的我們難道就會安心嗎？不管是到新的學校或職場報到的第一天，是能有多歡欣喜悅？連已經長大的大人都會有焦慮不安、不想去的心情，只是嘴巴上不說出來、表情不表現出來罷了。如果是小孩子，可能早就癱坐在地哭起來了吧？孩子會害怕老師，對於交朋友會感到有負擔，對環境有莫名的抗拒，所以就有可能會表現出不舒服的反應。這些如果都用依附理論來解釋，難道就合理嗎？

如果依附理論真的是所有問題的根源，那麼想必會有許多人一輩子都會因為依附問題而感到很煎熬。可是實際上，當孩子到了五六歲左右時，所有的父母就不擔心所謂的依附關係的問題了，因為孩子有多信任並跟隨自己，父母比任何人都更了然於心。

所以，只要孩子活得健健康康，只要我們愛著孩子，那麼從今天起，就請不要再擔心依附關係的問題了，把這個擔憂放下吧！本來上班上得好好的，也不需要辭職喔！

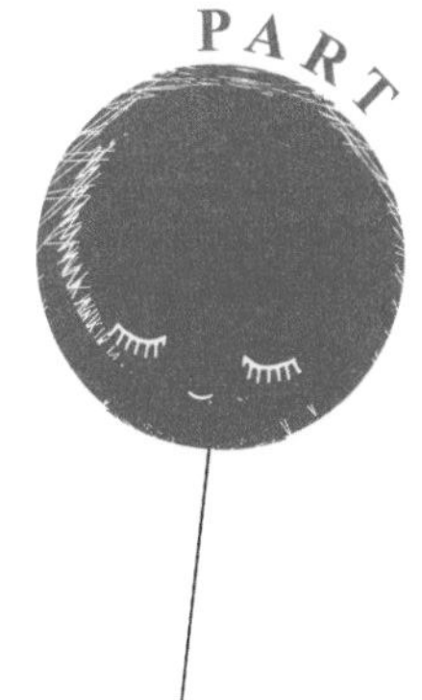

2

以佛系育兒改變教育——

教育方式沒有準則，別讓過多的期待變成傷害！

沒有跟小孩說很多話也沒關係！

難道聽越多詞彙，語言能力就會高人一等？

「只要孩子健健康康的就行了！」

孩子剛出生的時候，我們都會這麼說。可是過沒幾個月，我們就變得貪心了起來。除了希望孩子健康之外，還希望他很聰明。

第一階段就是會開始執迷於孩子的「語言能力」。因為如果很會說話，總覺得好像比較聰明伶俐嘛！孩子什麼時候會開始叫爸爸媽媽，作父母的總是會對此感到心焦情急。如果剛好隔壁家的小孩已經先會講話了，就會變得更心慌意亂。看著身軀雖小、卻唧唧喳喳地很會說話的小孩，真的會忍不住想問人家爸媽：「他幾個月大了？」

我自己也是一樣，在這方面不知道花了多少心思。我家老大滿週歲的時候，我甚至連做夢都夢到自己孩子嘰哩呱啦地說話的樣子。當我從夢裡醒來時，那心情不知道有多失望！原來只是一場夢！

因為著急不安，我又去找了一些書來看。書中提到孩子的潛力是無限的，所以如果教他認字，不到兩歲的孩子也能學會閱讀。書中還提到，越早讓孩子學會認字，他將會學習到壓倒性的知識量。當我看到這些內容時，我就急著想教孩子認字。還有其他書提到，如果想要養出聰明的孩子，每天就要跟孩子說兩萬個單字。各位想想看，兩萬個單字耶！這種分量等同於必須在兩個半小時當中一直說個不停，才有可能做到！

現在回想起來，這些說法根本不可能辦到啊。但是我當時卻不得不對這些事情很積極。為什麼呢？因為他們說這些做法能讓孩子變聰明嘛！所以我開始用盡力氣跟孩子講話。凡是眼睛能看到的物品，我都會讓孩子背誦物品的名稱，還會丟問題給他。「你看這個！這個叫做湯匙喔！你知道這個是什麼嗎？這是盤子！這是什麼顏色呢？白色。好～你跟我念一遍，白色～」

這麼做之後，當然就有副作用跟著來啦！因為我很執著於要跟孩子說話，所以把自己整天都搞得很疲憊。但是，有些時候就真的很不想講話啊。然後每逢這種時候，我的內心就會充滿了罪惡感。「天啊！我已經一個小時沒有跟孩子講話了！這樣孩子能學到的單字量完全不夠啊！怎麼辦？」

結果，當我還在懊悔、怪罪自己的時候，小孩馬上就打開話匣子了。所以我就開始納悶剛剛到底為什麼要那麼焦慮。我怎麼整天追著孩子跑，想要跟他講話、問他問題呢？

Oh, my god!「夠了夠了，你先不要一直叫媽媽！我們先安靜五分鐘好不好？」這些話都已經跑到我的喉嚨了。那當下我就明白，「原來孩子在剛剛那些被我追著跑的時間裡，他也感到很累啊！」

我在懷孕的時候，因為長輩都說要做好胎教，所以我會對著肚子裡的孩子讀書，經常嘴裡念念有詞。當孩子出生後，我連哺乳的時候也念念有詞，跟孩子玩耍的時候也一直問他這個是什麼、那個是什麼，連孩子在睡覺吃飯玩耍的時候，我都在他旁邊一直嘮叨念個不停，想想看他會有多煩啊！

不久之前，我實際遇到一個三歲大的女孩想要逃避碎碎念的父母。「哇～我們家女兒好會畫畫喔！妳畫的是什麼呀？獨角獸啊～哇！那這個是什麼顏色呢？

紫色～喔，對，沒錯！」那個爸爸相當熱情地在孩子旁邊不斷給出許多評價，可是那個女孩卻一句話都不說。

那個女孩在她爸爸講超過三句話之後，就安安靜靜地站起來，往另一個玩具那裡移動。我看到這場景之後，不知不覺地笑了出來。

語言能力當然很重要。語言能力會在年幼的時候形成，這也是事實沒錯。可是，這個能力並不會在年幼的時候達到「完成」的階段。尤其是左右最終結果的「詞彙能力」，在成人之後還是會繼續發展的。這能力反而是在孩子稍微長大之後，才會有突發性的增長。

年幼的孩子所能使用到的詞彙，大多是日常生活中會用到的程度，那分量是有限的。而且因為年紀比較小，能理解的幅度也很小，所以能吸收的單字也會受到限制。舉例來說，像「物質」這個簡單的單字，其實很難跟四歲的孩子說明清楚。要舉一個更簡單的例子嗎？如果要跟三四歲大的孩子說明什麼是「宇宙」，難道他真的能正確地理解嗎？

父母若能在某些方面提升跟孩子對話的水平，才能增加孩子的詞彙量與理解幅度。可是父母如果只是一直單方面地跟孩子講話，害得小孩很疲憊而逃跑，那該怎麼辦呢？萬一孩子很不想跟父母說話呢？所以說，在我們需要扮演好父母角色的時間中，那麼做對孩子是沒有任何幫助的。

我們不需要刻意勉強去努力。只要像跟朋友說話那樣跟孩子說話就可以了。一天必須跟小孩講到兩萬個單字才行嗎？真的照這樣養大孩子的人，再站出來這樣主張吧！養育孩子真的是一件很費勁的事，連跟孩子對話時都要花心思計算單字量，這不是要人命嗎？

請不要將自己的焦慮傾倒在孩子身上。請不要當個不斷重複播放的人肉錄音機。「適量地、適當地」去做，這才是親子關係的基本道理。

沒有給小孩聽英語教材也沒關係！
外語能力需要靠自己一輩子學習

各位的英文能力很好嗎？有沒有人對學英文懷有遺憾呢？這裡有一個人對英文懷抱著遺憾，那就是我。

我本來是那種自我感覺良好的類型，可是在「英文」面前就覺得自己變得無限渺小。在路上跟外國人對到眼的時候，就會超想拐進左右兩邊的巷子裡。去國外旅行，遇到要入住飯店的時候，從沒有像當下那樣珍惜自己的先生過。「老公～趕快啦！要輪到『你』囉！」（這種時候我是不會講輪到「我們」的！）

事實上，不懂英文也不會造成多大的不方便，畢竟去國外旅行的次數也沒那麼多嘛！一輩子當中能跟外國人對話的機會也幾乎寥寥可數。可是，讓我還是遺憾自己沒學好英文的原因是工作。我曾經有好幾次，都是因為不懂英文而錯失眼前的大好機會。

在我朋友當中有英文很好的人，他在我眼中屬於那種非常成功的人士。能在金融界工作，使用專業英文的同時又能翻譯的人根本沒幾個，所以每當有外國客戶來訪時，常常是由他站出去撐場面，他的實力也因此更加提升。在現今很有名的外商公司當中，他佔有相當重要的地位。

當然也不是說光是英文好就可以達到這樣的程度。我那位朋友本來頭腦就很好，所以能爬上那樣的位子。可是如果英文完全不行，根本連嶄露頭角的機會都沒有啊！因為這樣，我曾經下定決心，「別的不說，但是我一定要讓我的孩子英文變得很好！」

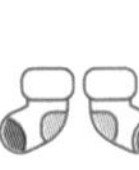

所以我從孩子還在肚子裡的時候，就很努力地實踐這個決心。我會大聲地用英文閱讀專業書籍，這是為了讓孩子能熟悉英文的節奏和腔調。哈哈哈！現在要把這些狀況寫出來，總覺得很害臊。我在孩子很小的時候，還會播放英語光碟當成背景音樂。「但要是這樣小孩就把英文和韓文搞混的話，該怎麼辦呢？」我當時一邊這麼做，一邊帶著這種沒必要的擔心。（如果有可以不把韓文跟英文搞混的英文學習法，拜託請告訴我！）

但是呢，聽光碟卻是個比想像中還要浩大的工程。因為播放一片光碟要花三十到四十分鐘，如果想要達到讓孩子熟悉英文的目的，一天至少要播放幾個小時，才會稍微有點效果，不是嗎？那這樣我一天至少要換光碟七到八次。

想當然耳這根本無法持續下去，連一天聽一次都很不容易了。可是說真的，去換光碟片這動作本身其實相當簡單。就是把光碟片放進去，按下播放，然後結束。明明就是這麼簡單的一個動作，卻沒辦法做到，我對自己這個樣子感到很心寒啊！要是家裡瞬間安靜下來，我就會開始自責「喔天啊！真託了我這懶惰媽媽的福，我家寶貝的英文真的要變爛了啦！」然後自己給自己扣分。

漸漸到了後來，我光是連看到光碟片都會覺得很煩，而且變得超討厭。「明明應該要聽的……」我光只是這樣想一想而已，就覺得很有壓力，而且沒什麼動力，就這樣一直延續這個惡性循環。

過了幾年後的某一天，我怒視著那些積滿灰塵的光碟，然後卯起來把它們全都掃進垃圾桶了。瞬間內心感到好輕鬆啊！你們問說為什麼嗎？

因為我那時候「又」想要給小孩學英文嘛！所以我訂閱了一整年份的教學影

片。對方還送來了一整箱的英文書，說這些是贈品。我看到這堆東西的時候，就回想起之前十年來，在那些英語書籍和光碟當中徒勞無功的回憶。「全都是沒用的東西啊！」然後，我就舒舒坦坦地把那些東西放心地扔掉了。

我們大人整天聽CNN頻道，難道英文就會變好嗎？如果會的話，早就變好了。如果真的想要成功學好英文，就得像記者把稿子印出來背那樣，要用功讀書才可以。每天都把同樣的內容反覆背誦、反覆聆聽個四到五回的人，實力多少都會有所提升。

我小的時候，我媽真的很常聽搖滾樂。因為她有一段時間去上韻律有氧課，所以常常聽。我那時候就跟著哼哼唱唱。結果看看現在！我英文根本不行嘛！你們說難道對提升英文聽力都沒什麼幫助嗎？這個嘛……我看到我多益的聽力評語之後，氣得咬牙切齒，看這樣子我應該是要再考一次了。

大家都說要讓孩子暴露在多聽英文的環境下，英文才會變好，這其實是針對英語系國家的人說的。我們要做到這樣，以現實條件來說相當困難。英文不是我們的母語，如果想要讓英文變好，就必須一輩子認真努力才可以。

對，我說的就是「一輩子」。必須持續學習，英文的實力才不會掉下來。即使在美國生活過幾年的人，回到自己國家之後，沒多久英文也都忘得差不多了。就算英文曾經很好，但只要稍微荒廢一下，馬上就會開始忘記。

語言本來就是這樣。甚至自己國家的母語也是一樣啊！長時間不使用就會忘記。當不使用那個語言時，年紀越小，忘記的程度就會越嚴重。若是大人，就算去留學幾年，母語能力也不會變差到哪裡去，但如果是小學生去海外留學，遺忘母語的程度就會顯得相當誇張。有個以十二歲以下就被領養到外國的韓國孩童為觀察對象進行的研究結果顯示，大部分孩子都失去了自己的母語能力。

連母語都這樣了，更不用說硬塞進去的英文。所以在國高中的六年期間，如果沒有努力學習英文，在那之前所學到的英文聽說能力就會變成沒用的東西。

所以說啊，請大家現在開始，就不要再被各種英文教學課程、教材等威脅，然後覺得超有壓力。不管有沒有給幼童聽英文，總之是不會有太大影響的。就請各位心安理得地聽自己想聽的音樂吧！

沒有幫小孩促進五感發達也沒關係！

過度的刺激反而容易形成壓力與傷害

「用這個就能幫孩子促進認知能力、五感發展！」類似這樣的廣告時常出現在兒童電視頻道上。各種幼兒教具動來動去，玩具娃娃說著話，誘惑孩子來摸一下肥皂泡泡……於是孩子們立刻就淪陷。「馬麻～這個好好玩喔！趕快買給我！我想要！我想要這個！」

還有在促進五感發達的體驗展中，有會發出聲音的音效書，以及邊動邊呼喚著孩子的塑膠小狗等等，面對這些東西，我們不知不覺就會打開錢包。在養育孩子的過程中，真的無形中會花掉很多錢。

可是等等！在下手之前稍微再想一下，這個產品真的如廣告所說的有效嗎？首先，我們從「五感發展」的意義開始研究好了。

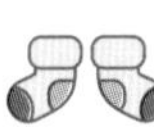

所謂的五感，是指視覺、聽覺、觸覺、嗅覺、味覺。其實講的就是人的「感官」。那麼「促進五感發展」，就是為了讓人類更利於生存，所以要讓本來就存在的感覺器官變得「更」發達？也就是說，要讓人能看得更清楚、聽得更細微、更能嚐出滋味？

這麼說來，沒有體驗過這些教具或玩具的小孩，他們的五感就會比較不發達囉？他們的視力和聽力都會比較爛，然後比較嚐不出食物的味道囉？

你叫我別再胡說八道了嗎？呵呵呵，好喔。所以各位都懂我的意思吧？我也不覺得這是什麼有意義的思維。小孩整天都有在看東西、聽東西、觸摸東西、聞味道並吃東西嘛！還需要更多刺激嗎？那就去路上走一走吧！整條路上有五花八門的商店、招牌，還有汽車引擎聲、警笛聲，以及街道、店家的味道。所有的刺激會從四面八方而來，無孔不入。

我會這樣諷刺地表達是有原因的。因為我也曾經稍微在這方面花過一些錢，而且是從我小孩一出生那時就開始了。我買過單單只有黑與白圖畫的「視覺圖卡書」。他們說這可以促進孩子的視力發展和認知機能發展。

光是看黑跟白的圖畫就能讓頭腦變好，根本豈有此理。說能讓視力變好也是沒道理的事情，因為孩子們的視力都差不多啊！而且，其實盡量不要讓小孩太靠近地去看什麼聚焦圖案之類的東西，這樣還比較好。蒙古的孩子視力有多好，各位也是略有所聞吧？愛斯基摩地區的孩子也是一樣。他們都是生活在一望無際的廣闊地帶，不是嗎？

這類的教具或體驗活動是否真的能促進孩子的認知機能發展，事實上並沒有客觀性的證據。那是當然的啊！因為根本沒有任何這方面的相關研究。

要針對小孩做研究，實際上相當困難。假設說要進行「A遊戲能促進智能發展」的研究好了，那就得找出玩過A遊戲的孩子，以及從來沒有玩過A遊戲的孩子；而且這兩群受試的孩子至少各要有數十個才可以。此外，還要分出一天玩A遊戲一小時的群組、一天玩A遊戲兩小時的群組，要像這樣來進行實驗才對。

可是想想看，小孩哪有可能像這樣乖乖聽話呢？根本不可能嘛！此外，為了評估實驗結果而做的智力測驗又該怎麼進行？至少要測試兩個小時。意思是說，要叫年幼的小孩死命忍耐這些囉？

這一切說法終究只不過是一種假設罷了。爸媽們只是相信著「這樣總比什麼都不做好吧？反正應該也不會有損害吧！」正因如此，請各位別再被什麼「能促進認知機能的發展！能讓五感發達！」這種話給蠱惑了。「因為孩子覺得有趣所以就買了。」各位抓住這個感覺就可以了。

某方面來說，我個人對於讓孩子五感發達這件事是感到疲乏的。為了刺激視覺，很多玩具用了紅色、天藍色等顏色，甚至還用到光。我覺得這讓家裡變得亂七八糟的，不但看起來很擁擠，而且孩子整天就是會丟些什麼東西在地上。

不只如此，這類型的益智玩具通常還會發出很大的聲音，說是要刺激小孩的聽覺，這我真的無可奈何。玩具會發出笑聲、哭聲、狗叫聲、雞叫聲、汽車聲、樂器聲、故事角色唱歌的聲音等等各種聲音，整天吵個不停，我都快被這些聲音逼瘋了。所以我就在某天有空檔的時候，把最吵的那個玩具瞞著孩子藏起來，然後就扔掉了。因為我怕我這樣下去會爆炸。

孩子後來有變得比較不一樣嗎？

小孩會不會也因為過度的刺激而感到疲乏了呢？

前面有提到過，或許大家都相信著「刺激孩子五感，總比什麼都不做來得好吧？反正應該也不會有損害吧！」但事實上，過多的感覺是會造成傷害的。各種刺激會形成壓力，使人無法集中精神，而且會感到不安、變得過度敏感。在這樣的狀況下，難道還能期待能促進什麼認知方面的機能嗎？

近年來，並沒有那種因為刺激不足而導致五感無法發展的孩子。我們反而會希望給予孩子輕鬆的感受就好。在家或出門在外時，連我們大人自己都忙不過來了，更不用說小孩了。

如果真的想促進孩子的五感發展，那麼就讓他聽聽風的聲音、鳥叫聲、蟲鳴聲，聞聞草的味道、雨的氣息、花香味吧！不要限制他的時間，讓他盡情地玩玩泥巴、摸摸石頭吧！讓他追逐飛翔的蝴蝶，讓他自在地跑跳，大聲喊叫吧！

公園、山、小溪旁都是我很推薦能促進五感發展的玩耍地方。

沒有送小孩去上補習班也沒關係！

整天坐在書桌前，不意味書就會讀得比較好

我要跟各位說一個我家老大上小學還沒幾天時發生的故事。

有個孩子的媽媽提到他家小孩去補習班的行程，補個英語要到晚上九點才會下課。唉呦我的天啊！在我們那個年代，晚上九點新聞開始之前，就會看到電視播放「小朋友們，請回去夢的國度吧～」的影片，叫我們要去睡覺了耶！

過了一年之後，在我家老二去的幼兒園那裡認識的一個媽媽，她問我說：「妳有打算把你們家小孩送去上科學班嗎？有一個科學班在過四條街的對面那邊，聽說很多小孩都去那裡上課。」噢，天啊！最近連幼兒園的小孩都要開始上科學班了嗎？大人們到底是想拿六歲的孩子怎麼樣啦？

這樣看下來，我才發現我家公寓四周大樓全都貼滿了小孩補習班的廣告。什麼陳X思考能力班、王X創造力促進班、張X思維養成班，名字還都取得很好聽咧！跟傳統的那種補數學、化學的國高中補習班相比，這些兒童補習班的名稱光是寫出來，就跟傳統的科目很不一樣。

兒童補習班為什麼總是要強調創造力或思考力之類呢？可能是因為補習班本身的目的——「快速注入知識」這一點，對年幼的孩子來說是不可能辦到的吧！

你問我到底在說什麼嗎？年幼的孩子理解力是有限的嘛！所以基本上這年紀的孩子幾乎什麼都不知道。比喻來說，就像要蓋房子，可是卻幾乎沒有磚塊可以用。所以在這樣的狀態下，不管有沒有把小孩送去補習班，其實孩子的知識程度都不可能大幅提升。那這麼說來，誰還會想要把小孩送去補習班呢？所以囉，這些補習班就用「我們不是要他蓋房子，而是在教他蓋房子的方法」這種說詞來引誘孩童的父母們。

但是話說回來，蓋房子的方法，也就是所謂的「創造力」，並非用這樣的方式就能培養起來的呀！必須要知道很多基礎的東西，才能讓創造力爆發出來。也就是說，知識與知識連接之後，能夠產生新的結論。

我再回到剛剛蓋房子的比喻，如果有越多磚塊，就越能蓋出各種不同樣貌的房子，對吧？連磚塊都沒有，要在空中堆出些什麼的這種做法，再怎麼想都是想不出個頭緒來的。縱使再怎麼努力，但光是用十個磚塊，難道能想像出什麼東西來嗎？

還有，所謂的創造力，也並非光是坐在書桌前就能提升的東西。再加上小孩去上補習班之後就只能晚睡了，在這麼疲憊的狀況下，什麼創造力什麼ＸＸ力都生不出來了啦！

說實在的，我們的孩子從上小學開始，就已經飽受睡眠不足的煎熬。根據韓國在二〇一六年發表的一份調查結果顯示，小學生一天的睡眠時間平均是四百九十九分鐘（而根據二〇二〇年某項調查，台灣中小學生的睡眠則是四百到四百五十分鐘，明顯少於美國的五百分鐘），這跟專家建議的學齡期（六到十三歲）孩子一天應該睡九到十一小時是有落差的。像這樣睡眠不足，白天就會打瞌睡，注意力會下降，學習效果就會變得更差。

再者，送小孩去補習班的目的，說穿了不就是希望未來小孩能上一所好大學嗎？那麼在國高中的時候好好唸書不就行了嗎？這樣看來，在孩子這麼小的年紀就送他去補習班，這CP值好像不太高，因為這年紀也只能教得很簡單，實際上的進度是很緩慢的。小學三年級要學一個禮拜的東西，小學一年級的學生必須花兩個月的時間才能學會。

在學校跟不上課業進度的情況，通常會出現在國中時期，那麼就等到那個時候再送孩子去補習班就好了。那個年紀的孩子腦袋最好，體力也很充沛，所以可以在比較短的時間內就學起來。

我想應該會有人這樣質疑：「在國中之前都沒有好好讀書，這樣怎麼跟得上呢？」但是其實，在國高中時期要學習的分量，本身並沒有那麼多。有些問題學生到了國中時努力用功唸書，過了一兩年後就進步到全校前十名，各位應該聽過像這樣的例子吧。或許也聽過某家孩子本來念的是不知名的大學，可是後來在當兵的時候（註：韓國男生通常會先念兩年大學之後去當兵，再回來繼續完成學業）開始振作精神，之後重考考上前三志願大學的例子。像這樣的案例是在重考班讀了一年，就完成所有的學業，更何況如果從國中就開始唸書，將來還有六年時間可以準備欸！所以怎麼看都不算是太晚起步。

無論如何，國小的年紀都不是該坐在書桌前的時期。

就像我前面說過的，成績的勝負大概都要等到十八、十九歲時才會見真章。如果孩子在那之前就已經筋疲力盡，那麼不管之前培養出多好的讀書習慣，也都會變成沒用的東西。所以在小學這個年紀時，應該讓他盡情地奔跑玩耍，好好培養體力，這才是最重要的。

韓國最近小學生的肥胖比率已經要逼近二五％（根據衛福部資料，台灣十二歲以下肥胖及過重的兒童已高達三〇％）。想想看，這個數字代表有多少孩子是在不運動、光是坐著讀書的狀態下養出來的呢？

光是坐在書桌前幾個小時，這些孩子後來真的變得很會讀書嗎？這個嘛，越到高年級，孩子的成績就越容易被自己的體力所左右。這是因為書要讀的量變多的關係。為了能在這個時期好好撐住，培養體力就成了必要的事。如果現在就讓孩子只是坐在補習班，都不運動，之後終究還會無法把書讀好的。

近年來，孩子們最可憐的一點就是在這麼小的年紀，就得搭上補習班的接駁車。可能父母們都怕孩子會落後別人一大截吧！但其實不需要做到這樣。

現在這年紀，不管有沒有送去補習班，其實差異不大。除非是父母比較晚下班，或者是小孩自己覺得補習班很好玩而想去，若非這些原因，不用把小孩送去補習班也是沒有關係的啦！

沒有讓小孩大量閱讀也沒關係！

隨心所欲的看書，才能保有一輩子的樂趣

「書中自有黃金屋」、「書是知識的寶庫」，這些都是我們從小就耳熟能詳的話，不過最近好像幾乎沒聽到了。是不是太理所當然的關係，所以大家就索性不說了呢？

是的。書真的是寶庫沒錯。我最近尤其感同身受。不管是很疲憊的時候，或有想知道的東西的時候，甚至很無聊的時候，只要去拿本書來看就對了！這世上再也沒有其他東西能帶來這麼多幫助了。

書這麼好，怎麼可以只有我在看呢？我也想讓孩子一同參與這份喜悅啊！我不禁產生了這樣的期盼。我猜各位應該也是這樣吧！大家都為了讓孩子能養成良好的讀書習慣，從現在就開始努力，一頭栽入讓孩子閱讀的行列中。

可是啊，在這麼積極地讓孩子閱讀之前，首先我們先從「目的」開始來探討一下。各位想從「讓孩子閱讀」這件事情上獲得什麼呢？是想要讓小孩「馬上」變得很聰明嗎？不是吧？童書看個數百本，是能讓小孩成為多有智慧的人呢？

所以說囉，現在讓小孩看書的原因，就是為了讓小孩在長大之後，能成為一個讀過很多書的人，對吧？目的是想要讓孩子能一輩子透過書本來擴展知識，並且有所體悟，沒錯吧？

很好。可是在達成這目的的過程中，其實不需要父母們的努力。孩子只需要覺得閱讀很有趣，這樣就行了。這是因為如果現在孩子已經感受到閱讀的樂趣，未來他就會有數不清的閱讀機會。父母的積極關心和付出反而可能會降低孩子閱讀的樂趣也不一定。大人過度的干涉，可能會讓孩子失去對閱讀的興趣。

我自己本身對書的熱愛幾乎可說是上癮的程度，我真的非常喜歡看書。可是我今天對書有這樣的喜好，卻沒有印象小時候我的父母有為此做了什麼努力。

當然從我自己很愛去書店或圖書館的時候開始，我父母就常常買書給我，不過我父母卻不曾要求我多看書，或要求我要效法那些很愛看書的模範生。他們並不是那種狂熱的父母。反而是因為父母對我的閱讀環境根本不太關心，所以我好像更能舒舒服服地閱讀。

這是真的嗎？父母根本不用花心思在孩子的閱讀上，孩子也能好好閱讀嗎？對，沒錯，就算這樣做也可以。要不要跟各位公開我的自身經驗呢？我會告訴大家一個最簡單的方法來讓孩子自然地閱讀。

只要不做這三件事就行了。

首先，請不要去規劃什麼閱讀時間表，也不要幫孩子選什麼必讀書籍。只要讓孩子隨他自己的意思去看他喜歡的書，這樣就可以了。如果幫孩子買跟他最近好奇的事物相關的書籍，就算叫他不要再讀了，他還是會急急忙忙地跑去看那些書。這就是書本令人感到刺激的有趣之處。

第二，孩子看完書之後，請什麼都不要問。什麼內容大意啦，心得感想之類的東西，請父母們不要試圖想要知道。我個人在這個世界上最痛恨的，就是閱讀後的心得感想。即使那本書再看一百次，我的感想還是只有這樣：「喔，這本書很棒。強力推薦。」除此之外，我就沒有什麼話可以說了。而且我邊講還會愧疚地覺得自己超像個大笨蛋。要是有誰要我講出讀書心得，我會因此感到非常有壓力，然後就不想看了。所以，請不要對孩子要求這種事情。

最後一點，到了孩子上國中在看書的時候，請不要對他說：「不要再看課外讀物了，去唸書！」因為書本在這個時期才正要進入孩子們的腦海中。孩子們會經歷到人際關係中的矛盾紛爭，也會煩惱自己未來要度過怎樣的人生，而且這個時期正是感受力豐沛的年紀。此時的孩子如果能沉浸在書香世界中，將來長大成人之後也自然會愛上看書。

各位覺得這樣的建議如何呢？要栽培出看很多書的孩子，相當容易吧？

所以就放手吧！這麼一來孩子就能自然而然地藉由書本長大成人。

請相信我吧！相信的人是有福的。

沒有幫小孩培養學習習慣也沒關係！

讀書的目標和動機唯有自己才找得到

「三歲時的習慣會延續到八十歲。」這句話我們都聽過不下數百次，而且很多名言也由此而生。在這些文字當中最有名的就是：「年幼時所培養的學習習慣會跟著自己一輩子。」

正是因為這些名言的存在，導致數不清的學齡孩童的父母們為了讓小孩早日養成學習習慣而獨自孤軍奮戰。有些父母為了能讓小孩坐在書桌前就算只有十五分鐘也好，而時常跟孩子折騰個老半天；也有的幼稚園孩子每天必須寫完一章學習評量習題，到了晚上十一點都還不能去睡覺。

我並不是說這些言論有什麼大錯誤，好好坐在書桌前讀個書什麼的，這畢竟就是一種開始。只要有坐在位子上，總是會打開一本書之類的東西來看吧！可是要孩子一直好好坐著，哪有那麼容易？

「馬麻～我要喝個水！」「把拔～我去上一下廁所喔！」「馬麻～我頭好痛啦！」「把拔～今天讓我玩一下不行嗎？」「吼呦～我真的很討厭坐著！」「我明天會看兩本書啦！拜託～」孩子會有各式各樣的藉口和哀嚎滿天飛。

等孩子稍微長大了點。「我到底為什麼一定要讀書啊？」他就會開始提出這種哲學的問題，然後我們大人就會被這些突如其來的攻勢打中。好不容易集中精神、從腦袋裡擠出個答案跟他說：「就是為了成為一個很厲害的人啊！」連自己看這個回答，都覺得說服力根本是零分。

「我不當厲害的人也沒關係。反正我就是不想看書。」這死小孩！要說服胸無大志的人，簡直就是不可能的任務。

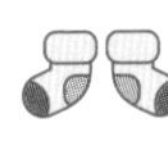

孩子們其實對於「很會讀書」這件事沒什麼概念。「我幼兒園的好朋友比我還會講話欸！他已經會數到一百了耶！」雖然小孩子會知道這些部分，但是對於必須好好讀書，這樣在選擇未來前途上才會比較有利，也才能好好適應這個世界……他們是不會想到那麼遠的。而且他們也不太會羨慕很聰明的同學。在小孩這個年紀，長得好看、人緣好、很會運動等特質，才是他們覺得最棒的人。

簡單一句話來說，對年幼的孩子來說，他們無法理解為什麼必須培養什麼學習習慣。他們只是因為父母要求他們坐下來，所以才照做的。到底為什麼要解開這些題目？為什麼必須閱讀？他們是不懂這些的。小孩到了上小學時，也差不多會這樣。怎麼說呢？因為學校課業並不難，所以他們並沒有一定要在家多讀書的理由啊！

當一個根本沒有想去做的動機的人，跟一個使喚對方的意志相當高昂的人碰在一起，不用想也知道最後的結果會怎樣。終究會以破局來收場。一直要求孩子讀書，後來親子關係就會變得很差，這樣往後就會讓事情變得更難收拾。連看到父母都覺得討厭了，難道還會聽他們的話嗎？孩子可能會變得非常叛逆。

實際去看看那些親子關係不太好的家庭，父母本身也不是什麼奇怪的人，他們往往是因為太期盼子女能過得好，而對子女充滿著過分的熱忱和關心，很多父母都是這樣。但是，從小孩的立場來看，他們會覺得自己的爸爸媽媽總是給予強迫性的壓力，甚至在他們眼中的父母簡直就像瘋了一樣。

在小學時期表現相當出色的孩子，升上國高中後卻變得不怎麼樣，像這種狀況還滿常見的。這種孩子大部分都是被父母一直拉著走的那種類型。運氣好一點的或許能通過大學考試，可是他們往往都會在三十歲以前跌個四腳朝天。像我的同學當中有人雖然是首爾科大或首爾醫大畢業的，可是因為在實習過程中沒有踩穩腳步而中途放棄了。

另外我要說的是，每一個人都有自己一套的讀書方法。像我一直都是那種臨時抱佛腳的類型，可是那對我來說才是最有效率的唸書方式。我到了高中時，最讓我抓狂的可能就是晚自習時間吧！雖然名為晚自習，可是每天卻必須死死地釘在座位上直到晚上十一點。我從來沒有念書念得那麼不順的，成績一落千丈。我之前參加數學競賽拿過第一名，而且還是靠這個來申請進入科學高中，但是我在高二的時候，卻淪落到連數學課本上的問題都答不出來的窘境。

不過當時，狀況跟我差不多的同學也不在少數。即使都已經坐定在圖書館裡面了，但有些人不是在睡覺，就是無法集中精神好好讀書。到了大學的時候，也是差不多這樣。大概只有三分之一的人會持續不斷地唸書，其餘三分之二的人除了大考期間之外，其實很少出現在圖書館。如果把男生區分出來另外觀察，那就更讓人無言了，因為他們平常大部分的時間幾乎都在打電動。但很神奇的是他們的成績卻還不錯。我看到這種狀況時心想，平常持續不斷用功讀書，這樣成績就會變好嗎？好像不完全是這麼一回事。

要養成讀書習慣，這真的並非自然而然就能做到的。讀書多辛苦啊！真的什麼有的沒有的力氣全都要用上才行。我自己就覺得讀書是世界上最討厭的事情。

不管別人怎麼說，我覺得目標與動機才是讓孩子讀書的原動力。這個只能靠孩子自己找出來，別人再怎麼樣都是幫不上忙的。此外，即使我們不去干涉，孩子也能找到讀書的目標和動機。等到他開始瞭解學校和社會之後，他就會知道要坐在書桌前了。

孩子會長大成人，然後在未來的數十年當中，他將會有許多坐在書桌前的時候。所以請不要硬是讓他提早開始體驗這件事。當孩子還在我們的懷裡時，就請讓他舒服地生活吧！

沒有幫小孩找到天賦也沒關係！天賦是需要透過時間體驗出來的

在我年輕的時候，似乎始終無法像現在這樣理解所謂的「應該要做自己想做的事情」的道理。那時大概是八〇、九〇年代左右吧！我頂多只是希望要在「天熱時會很涼爽、天冷時會很溫暖」，還有「辦公室色調不要藍色的，希望可以是白色調的地方」上班而已。在那樣的年代，職業的種類很少，幾乎沒有什麼選擇的餘地。

來到九〇年代後期，整個世界都透過網路連結在一起，而且個人手機也變得普遍，這個世界正用驚人的速度改變，因此職業的種類也爆發性地增加。伴隨這現象而來的，就是數不清的既有產業消失。這裡我說的正是一九九七年亞洲爆發金融風暴，韓國破產，不得不與IMF簽署援助協議的時期。

那個時期後來成為一個使人們在職涯發展的信念上完全改變的契機。大家開始思考一件事：「沒有永遠不變的東西，總有一天我也可能會失業，所以一定要藉由專長來維生，無論如何都要開發自己的專業才行。」

於是，之後這個社會就開始強調熱忱和衝勁。「一切都不需要。唯有聚沙才能成塔、積少才能成多。比起當下眼前的收入，擁有熱情才是更重要的。這麼做了之後，就能發現成功會自己跟著你。」

開始有越來越多的人認為，人生只有一次，所以就去做自己想做的事情吧！人們以這個為基礎來過生活。雖然表達方式不同，但總之人們終究都會去做自己喜歡且很擅長的事情；也就是說，會去做適合自己的事情。

不過問題在於，這樣的社會氛圍又增加了「父母該做的待辦項目」。最近的父母們往往會以要找出小孩的天賦為由，進而對孩子施以許多壓力。我聽說有些孩子才四、五歲就被要求必須同時學習運動、樂器、美術等才藝。這些父母說這個那個都碰碰看，就可以知道孩子在這些方面到底有沒有才能和潛力。

但話說回來，父母真的能幫助孩子找出自己的天賦嗎？各位又都瞭解自己的天賦是什麼嗎？其實要找出所謂的天賦，本來就是一件滿困難的事情，如果有那麼容易挖掘出來，那大家不就都可以像金妍兒（註：韓國知名女單花式滑冰運動員）那樣出人頭地了嗎？

自己本人到底「想要做什麼」，這點是很難發覺的。「我這個也喜歡、那個也喜歡」，這樣說的人大多數的表現也都並非像自己說的那樣。這是因為實際上去做那些事情的時候，跟腦子裡想像的並不一樣的緣故。

我還在念大學的時候，就很盲目地想要成為精神科醫師。因為我以為我喜歡聆聽別人的煩惱並為他們解決問題，但是等到我真的成為精神科醫師之後，才發現實際狀況跟我想像的差到十萬八千里。

聽朋友們訴說他們的煩惱，其實頂多只需要花兩三個小時。但是當傾聽煩惱這件事變成工作時，那等級可就完全不同了。精神科醫師每天必須聽幾十個病人的煩惱，聽完之後就要立即幫他們解決，所以不管本來喜不喜歡心理諮商，一旦到了這個階段，就跟喜好沒有任何關係了。跟很討厭傾聽相比，固然這樣還算是好一點，可是也不是因為這樣就表示這份工作只要靠忍耐就能撐過去。

再者，心理諮商這件事在精神科醫師的工作項目中，其實還佔不到兩成的比例。其餘八成的工作內容，都是在實際臨床上遇到之前，完全無從得知的領域。而這些部分是否符合我的天賦、興趣，才是我在選擇職業時的重點，對吧？

回想一下我們生下孩子之後的時光，有些事情真的挺令人詫異的。明明抱著新生兒的前一個小時還感到相當幸福，可是連抱十個小時的話，就覺得自己快要往生了。更何況抱孩子、換尿布、餵食這些事情都還只是育兒的冰山一角而已。

因此所謂的天賦，終究是唯有本人自己親身經歷，才有辦法找得出來。父母是無法扮演這個角色的。如果運氣不錯，能在年紀小的時候就挖掘出自己的才能，這當然再好不過，然而這其實是相當罕見的例子。因為大部分的人都不是這樣。所以說囉，這並非什麼需要感到不安或心急的事情。

光是看我自己，其實到現在也還沒完全知道自己的天賦是什麼。即使我進入職場已經超過十五年、換過四個工作也還是這樣。

你們問我為什麼這麼徬徨不定嗎？原因就像前面說過的一樣，不管我選擇什麼樣的職業，都會出現百分之八十以上我事先無法預想到的狀況。所以我就會開始很認真地問自己：「這真的是符合我能力取向的工作嗎？我還以為這次會是對的，但其實似乎不太對耶？」然後感到相當煩惱。

而有時候只是偶然間做了自己從來沒想過的工作，然後在嘗試的過程中發現「哇！這很有趣耶！我找到我的本命工作了！」也可能會有這樣的狀況，而且這種情形比想像中的還要多。我現在的新工作就是這樣，那是我三十五歲以前從來沒想過的職業。從精神科醫師的身分一腳踏入保險業，然後就這樣任職於處理保險業務糾紛的公司中，這誰能想得到呢？

就像這樣，從實踐的錯誤中一邊經歷，一邊削減雜七雜八的念頭，如此漸進式地找出答案，這就是「適性」。在尋找的過程中，不得不經歷漫長的時間。如果想要專精於某個領域，至少也需要三年，對吧？但哪有可能第一份工作就能完全符合自己胃口呢？換個兩三次工作，倏地十年就這樣過去啦！

如果各位還是想要早點發現孩子的天賦，那就請自己先試著尋找答案看看。畢竟孩子都是相似於父母的嘛！就像孩子的外貌或性格跟父母相像，興趣、能力取向也很有可能相像。曾經放棄過的夢想，或是無法應用在職場上的才能，可以從這些過往經歷當中找出蛛絲馬跡。祝各位好運。

就算讓小孩看電視也沒關係！

傳聞看電視四小時會導致智商降低？

每次看到客廳裡的電視，內心就不由得沉重了起來。讓孩子看電視嘛，心理上總覺得怪怪的；完全不給他看嘛，又根本是給自己找麻煩，因為不給小孩看電視，我就無法好好做飯啊！畢竟讓孩子靠近廚房流理台，說真的也非常危險。此外，要是自己想睡到快昏迷的程度時，要怎麼辦呢？眼睛都不由自主地要閉起來了，是要怎麼陪小孩玩呢？

好吧，那就把電視打開好了！可是這樣一來又令人不安，很怕自己小孩變成笨蛋，內心總是會有這種擔憂而覺得很不舒服。可是，只是把孩子放著不管去忙自己的事，又好像在虐待兒童。但我好像也只能做這樣的選擇了。

我因為太鬱悶了，所以就上了媽咪育兒論壇發文。我寫說「擔心小孩看電視的時間太久……」結果下面就唰～地出現一堆回文。

「不能就那樣讓孩子看電視喔！不然小孩的思緒和智能發展都會變差，這樣就大事不妙啦！媽媽應該要多努力一下才行！」

好吧，看來我家小孩真的逃不了變成笨蛋的命運了。

結果我的心情因為這樣又變得更加焦躁不安，於是我開始上網搜尋解答。可是一看，我的天啊！原來電視的存在對大家來說就是那麼沉重的負擔嗎？大家普遍的說法是，如果從小就給孩子看電視，會導致孩子：1腦部活動停止，2產生類似自閉的現象，3產生情緒問題、行為問題等等。

但，這真的是事實嗎？

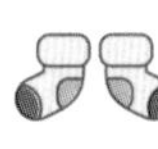

我們就從「看電視會讓腦部活動停止」這項傳聞開始檢視好了。當人在看電視的時候，只有腦的枕葉（位於頭部後方，負責處理視覺訊息）會運作，而包含前額葉（位於頭部前方，負責記憶、語言以及判斷力）在內的其他重要頭腦部位則會變得麻痺。傳聞大致上是這麼說的。

那麼科學上的答案是什麼呢？在看電視的時候，腦的枕葉確實會變得活躍，這點是沒錯的。枕葉負責處理視覺上接受到的刺激，因電視影像傳送出的視覺訊息量相當龐大，所以會導致枕葉變得活躍。但並沒有因為這樣，就表示腦部其他機能是麻痺的狀態。各位在看電視的時候會笑、會評論、會認同、會推斷，這些思考都會進行，不是嗎？孩子在看電視的時候，也會說哪個角色很壞或很可怕之類的，看到蛀牙影片還會說以後要努力刷牙等等，他們都會做出相關判斷。

想必也有人會提出這樣的質疑：「有個實驗是給孩子看某個電視節目，結果發現只有枕葉顯示出紅色的樣子，腦部其餘的區域都變成灰色的，看起來就像死掉了一樣。這是怎麼回事呢？莫非前額葉部位的機能都停止運作了嗎？」

關於這點也是可以用科學論點說明的。所謂的腦部機能檢測，是以「相對性」的活躍度來呈現。如果枕葉的部位顯得很活躍，那麼其餘的部位（例如前額葉等）的活躍度就會比原有的活躍度還低，因此呈現出來的結果就會變這樣——除了枕葉的區域外，其餘區域看起來都像是停止運作一樣。所以並非絕對性的活躍度降低。

肉體尚未死亡的狀態下，腦部機能卻停止，這種現象是不會發生的。反而是在看電視的時候，腦部會處理這些影像資訊。這就是為什麼看完電視後會感到很果，或者睡不著的時候看一下電視，結果一看就看了整個晚上。

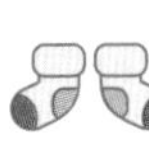

接下來我要針對「看電視會讓孩子變得類似自閉」這點來跟各位說明。

「自閉」的重點問題，在於有思想溝通上的困難。至於產生後天性的自閉？真的很難說，可能真的是要在比較極端的狀況下才會出現吧！一般來說，當父母完全不跟孩子交流，只給孩子看電視的時候，才可能會發生這類情況。

「即使每天努力試著幫孩子調整看電視的時間，實際上也很難做到。我們大人自己有的時候不也是一天看了四小時嘛！」各位根本就不需要擔心孩子看電視看到變自閉啦！畢竟看了四小時電視的父母也都還是健康的正常人，不是嗎？

當然，看電視的確可能導致情緒上或是行為上的問題。如果是有害的節目內容，未經過濾就直接讓孩子看到，孩子可能會出現攻擊性的行為。但會造成這樣的結果，其實還有其他重大的因素。長時間觀看電視的孩子當中，有許多孩子極為缺乏父母給予的基本照顧，這麼一來，孩子感到憂鬱或出現攻擊性行為的可能性就會變高。

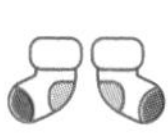

總結來說，電視並不會對腦部造成直接性的損害，電視並沒有這麼神通廣大。會直接對腦部造成損害的是毒品、強力膠、瓦斯氣體等這類東西。如果說長時間看電視就會對腦部造成損傷，那麼為了預防六十歲以上的長者併發失智症，就應該禁止他們看電視才對。

南韓的彩色電視大約在一九八〇年左右上市。那麼一九八〇年代出生的人就是從小時候開始接觸電視的第一批世代，無一例外。在這之前出生的人們則是從來沒接觸過電視的一群。因此如果說電視真的是傻瓜製造機，那麼一九八〇年之後出生的人都應該會變成史無前例的「大笨蛋世代」才對。

我自己小時候真的是看電視「看到飽」長大的，我的同齡朋友們也差不多都是這樣。但後來我們變得怎麼樣呢？我們這些人有因為看電視而變成笨蛋嗎？其實根本沒有吧！即使暴露在各種影像媒體當中（除了電視之外，書籍、好聽的音樂或者電影等產品，也都能視為一種傳播媒體），人類還是會隨著時代轉變而變得越來越聰明。

這樣看來，各位其實不需要太過擔心了。電視並非什麼可怕的怪物。

看電視當然是很舒服又有趣啦！所以人們就會因此懶得做其他的事情。我覺得這是電視唯一比較邪惡的地方，因為在看電視的時候就不會想做其他事，跟家人聊天、散步、閱讀、唸書的時間都會被電視剝奪，所以會導致語言能力下降、認知感下降，甚至還會造成肥胖。

如果是基於這些理由，那麼就應該盡量不要看電視比較好。這麼一來，我們該煩惱的就只剩下一個：「之後該怎麼做才能減少孩子看電視的時間呢？」

從現在起，不要再因為聽說看電視四小時會導致智商降低而煩惱不已。之前過去的都過去了，就好好解決當下眼前的問題，然後從問題中解脫吧！

想要減少看電視時間，做好三件事就能輕鬆辦到！

如果你覺得自己孩子現在看電視的時間太長了，那麼該怎麼做才能減少看電視的時間呢？除了跟孩子約定觀看時間、設定看超過兩小時就自動關機的裝置之外，還有沒有其他方法呢？

好的，想知道馬上能讓所有小孩停止看電視的方法是吧？因為看電視的主角是小孩，所以當然是限制孩子的行動囉！大家自然而然地都會這樣想吧！但是這個方法實際執行起來是行不通的。因為孩子缺乏調節衝動的能力，而且相當固執，尤其年幼的孩子尚未成長到具有自制力的階段。在面對這個階段的孩子時，要求他控制自己的行為簡直就是不可能的任務啦！

那還有別的辦法嗎？當然有呀！坦白來說，在育兒過程面臨到的大小困難之中，沒有比讓孩子少看電視更容易做到的了。只要家裡不放電視就可以啦！這樣小孩根本就看不了電視嘛！很簡單吧？各位可能覺得我在開玩笑對吧？呵呵呵，對啦，我的確是在開玩笑。家裡要不放電視談何容易啊！如果不偶爾讓孩子看看電視，父母們根本就找不到空檔休息了。

我想要再強調一次：其實關不掉電視的人是「父母們」。只要把電視開給孩子看，父母就好像上天堂一樣。在辛苦的育兒日常中，看電視的時間對父母來說，簡直就像中毒一樣令人上癮。

這麼說來，究竟什麼才是最有效減少看電視的方法呢？問題並非出在孩子身上，而是要以配合父母的立場為出發點來解決問題才對。各位都認同，對吧？很好。那麼從現在開始，我要告訴各位「能讓父母關掉電視的方法」。只要做到三件事就可以了。

1. 讓電視離開自己眼前。
2. 減少在廚房的時間。
3. 保留體力。

第一，讓電視離開自己眼前。

有句話是這樣說的：「眼不見為淨。」如果要減少看電視的時間，沒有比這句話更適合的了。人的眼睛如果看到些什麼，就會突然迸出本來沒有的需求。舉例來說，本來什麼想法都沒有的晚上十點，一看到泡麵廣告，突然就覺得肚子好餓，不是會這樣嗎？如果電視就在眼前，就好像在餐桌上看到一盒炸雞一樣，連我自己都會忍不住打開來。

因此，光是把電視從客廳裡挪開，看電視的時間就會大幅減少，這是因為大部分的人主要都在客廳裡活動。如果家裡情況不允許把電視移動到房間裡，那麼就在電視前面蓋上一塊布也可以。反正就是讓電視從眼前消失就對了。無論如何，這個方法都會比之前任何企圖減少看電視時間的方法都還要輕鬆許多。

第二，減少在廚房的時間。

減少在廚房的時間，這件事情真的非常非常重要。做其他家事時因為比較不需要站在同一個地方很久，所以多少還可以一心多用，可是廚房裡的工作就完全沒辦法這樣。

自己在廚房裡忙著張羅飯菜時，孩子卻在背後一直哭鬧或搗蛋，又不能拿耳塞把耳朵塞住，真的是快把人搞瘋了啊！除此之外，又很怕滾燙的東西打翻，所以整個神經都超級緊繃，搞得自己緊張兮兮的。這樣下來，本來是為了孩子才傾注心力做飯的，到後來卻變成被孩子搞得心很累的局面。這根本已經本末倒置了。「我是誰……我現在到底在幹嘛……」不由自主地就會變得很厭世啊！

不只如此，跟其他家事相比，下廚這件事壓倒性地耗掉更多時間。準備飯菜至少就要花三十分鐘，之後還要清洗碗盤，零零總總加起來又要三十分鐘。不管再怎麼壓縮時間，一天三餐至少得要耗掉三個小時。所以我們必須盡量縮短在廚房的時間才行，跟大家分享我的方法吧！

1. 把洗碗的工作交給洗碗機。
2. 購買已經先處理好的食材。
3. 多多利用預煮好的食品（例如：即時米飯）。
4. 運用各種小家電來處理食物（例如：微波爐、電子鍋、氣炸鍋等）。
5. 叫外送吧！

第三，保留體力。

唯有保留體力才是解決問題的根本之道。父母們的體力要充沛，才有辦法不讓小孩看電視啊！其實各位也知道該怎麼做才能產生體力，那就是一有空就去睡覺。如果再怎麼睡都還是覺得很疲憊，那可能是身體出現什麼問題了，可以考慮去醫院檢查看看。有需要的話，可以在醫師的建議下，適度吃些藥物幫助。

如果什麼方法都用上了卻還是覺得很疲憊，該怎麼辦呢？那就打開電視給孩子看，自己稍微睡一下吧！明明都已經累得半死了，是要怎麼陪孩子玩呢？父母在很累的時候如果還要硬撐、還硬要遵守「不給孩子看電視」的原則，這樣到後來就很容易對孩子發脾氣。

所以就把罪惡感收起來，好好睡一覺吧！孩子不會因為看幾小時電視就對腦部造成什麼損傷的，請放心吧！要好好睡覺，這樣醒來之後才又是一尾活龍呀！

講到這裡，大致上我已經把讓孩子減少看電視時間的方法告訴各位囉！大家是否變得比較有信心了呢？所以就不要再跟小孩互相傷害了。

接下來我再分享一個約束孩子看電視時間的小訣竅。我們家嘗試過各式各樣的方法，最後採取的做法是：不在週一到週五看電視，不過到了週末就可以自由地觀看，沒有任何限制。這是我家制定出來的規則。附加條件是：晚上九點之前就要關上電視；吃飯時間也不可以看電視（午餐兩小時、晚餐兩小時）。

我們家會這樣做，是因為在週間還要每天為了看電視問題跟小孩吵，實在太麻煩了。（孩子們抱歉啦！可是在這件事情上你們也有錯喔！當媽媽說要關電視的時候就應該要關掉囉！）到了週末就可以解禁看電視，說實在的這也是為了我好。我也需要生存嘛！在週末就是應該稍微睡個午覺，人生不就是這樣嗎？這時候也可以跟伴侶或其他家人聊聊天啊！更何況孩子們特別會想在週末的時候輕鬆一下，享受玩耍的有趣時光，不是嗎？

就算讓小孩隨意看電視看到飽，實際上他們也無法看太久啦！連續看三到四個小時差不多就膩了。就算孩子們在星期六開心地看了超久的電視，但星期日還有辦法這樣嗎？其實光用想的就覺得很累了。所以，週末兩天當中，小孩頂多看電視七到八個小時。這樣算下來，一個星期就只有看電視七到八小時而已。根本不用跟小孩爭論「一天只准看一小時！」聽起來如何呢？很簡單吧！

掌握四大原則，讓孩子不沉迷智慧型電子產品！

除了電視，父母應該也都覺得小孩要對以下這些東西退避三舍吧！那就是智慧型手機、平板電腦等智慧型電子產品。因為這些電子產品在任何時刻、任何地點都能使用，跟既有的電視或電動遊戲相比，根本是完全不同的等級。拜高科技之賜，這些電子產品是非常方便沒錯，可是一旦上癮，就等於無藥可救了。

說實在的，我也滿害怕智慧型手機的，我擔心孩子因為這種東西而搞砸自己的人生。我是在三十二歲的時候才第一次接觸到智慧型手機，但我真的很慶幸自己並沒有在小時候就接觸到這玩意兒。畢竟再怎麼想要控制好自己，總是會不自覺在某個瞬間又把手機拿起來，等到回過神來，一個小時就已經過去了。

對於智慧型電子產品帶來的困擾，我想大家應該都差不多，所以在這裡就不多做贅述了。我就直接說明如何讓孩子善用這些電子產品而不會沉迷的方法吧！

1. 不給孩子留下任何妥協的餘地。
2. 在使用時要果決明快。
3. 要排除自己想把智慧型電子產品拿給孩子使用的每一個瞬間。
4. 熟悉智慧型電子產品的使用方法，並把它當成工具來活用。

現在我們就一個一個來探討囉！

第一，不給孩子留下任何妥協的餘地。

請確實地讓孩子明白：「智慧型電子產品是爸爸媽媽的，不是我的。」這些都是屬於父母的東西，只是允許孩子暫時使用一下而已。因為是父母花錢買下來的物品，所以應該要堂堂正正地堅持這一點才行，這麼一來，當孩子死纏爛打地問說為什麼不給他用的時候，就可以斬釘截鐵地告訴他理由。要是孩子耍賴說以前明明就可以讓他用，為什麼現在突然不行了？就可以跟他說：「因為你使用的時間太久，所以現在要縮短時間。以後只有週末才可以讓你用。」

請不要無條件地讓孩子使用父母的智慧型手機、平板電腦之類的東西，因為那並不是孩子日常生活中必須使用的物品。

然而，畢竟智慧型手機是人與人之間溝通的重要工具，像是學校資訊等也會透過手機裡的各種通訊軟體來通知。也就是說，如果想要收到這些訊息，就必須用智慧型手機才行。購物、投資或金融經濟方面等活動也都會需要用到手機。所以，如果要解決因為使用手機而產生的問題，採用「除去手機」這種單純的方法是行不通的，這樣問題反而會變得更加難以處理。這種時候，請乾脆地直接告訴孩子不准碰，讓他把這點牢記在心裡。

還有，必須跟孩子約定好使用時間，而且做出決定之後就絕對不可以心軟，這點相當重要！有滿多人會跟孩子約定說「只能用一小時」，但如果是用這種方式，就得每天都跟孩子協調使用的時間點。我舉個例子給各位聽好了。

「媽媽，我現在可以用平板電腦嗎？」

「嗯……等一下喔！你作業做完了嗎？」

「我還沒做完啊！可是我不能邊用平板電腦邊寫作業嗎？」

「不行！而且你馬上就要吃晚餐了欸！」

「媽媽拜託～就這一次就好啦～等我把作業都寫完了，妳又會叫我去吃晚餐，那時我就不能用了嘛！這樣又要過兩小時之後才能用欸！拜託拜託啦！」

如果每天都要上演這種糾纏不休的鬧劇，我的天啊！光想到就很煩。

那麼，如果約法三章，具體地訂出「晚上八點開始使用一個小時（八點至九點），前提是把作業寫完。」這樣如何呢？

是有比前面的方法好一點，但還是存在著一些有爭議的空間。如果小孩一直拖延不寫作業，然後到八點二十五分才寫完的話，這時該怎麼辦？已經過了八點，所以就不讓他用了嗎？還是說一樣用到九點，等於只用三十五分鐘呢？要不然就讓他用到九點二十五分，維持使用一小時的約定呢？要是孩子耍賴說「不讓我用平板電腦也沒關係，那我就不要寫作業了！」又該怎麼處理呢？

我想告訴各位，只要把「能用」和「不能用」的日子區分開來就很方便。可以用這樣的方式：「星期天早上九點開始用到十二點。其他日子即使天塌下來也不能用。」如此一來就不需要每天都跟孩子爭論到底能不能用平板電腦了。

第二，在使用時要果決明快。

有很多父母擔心孩子用了智慧型電子產品之後，可能連話都說不好，也不會好好思考，擔心會出現腦部發展障礙的問題。不過說實在的，孩子一天當中接觸智慧型電子產品的時間能有多少呢？這個跟前面提過的「看電視」問題類似。螢幕畫面又不會噴出毒藥，只是看幾分鐘而已，難道就會影響到腦部發展嗎？

根據某個觀察「收看電視的時間與認知功能下滑的關聯性」的研究結果顯示：每天平均看電視三小時以上的孩子，認知功能會比看電視三小時以下的孩子更低。不過，我們難道有每天讓孩子用智慧型電子產品超過三小時嗎？沒有嘛！

其實我們「偶爾」做的一些事情，幾乎不會對我們的身體造成影響。如果要對腦部造成「永久性損傷」，就必須接觸非常大量的時間才會這樣，不是嗎？大家好像都生活在一個過度擔心的時代裡了。

然而，如果父母在每次很疲累的時候都拿智慧型電子產品給孩子，就很難對孩子的語言和認知功能帶來好的影響，這也是事實。原因在於這種情況會減少父母跟孩子彼此交流的緣故。

坦白說，幾乎沒有父母會覺得跟幼小的孩子對話有多開心。當自己正在擔心著全球的經濟危機時，小孩卻只滿足於眼前的各種小遊戲，這種時候就會想說，那只要把智慧型電子產品丟給孩子，自己就可以不用跟小孩玩了，這樣多方便啊？然而取而代之的，就是讓孩子的重要時間被虛度了。是基於這樣的原因，我們才會說盡量不要給孩子使用智慧型電子產品。

請各位確實地訂出准許孩子使用的時間，然後到了那天，就要爽快地讓孩子使用。最讓人發狂的事情就是不滿足嘛！所以一旦允許了，就不要一再拖延。

小孩適合看的電影，片長差不多是九十分鐘，最多也不會超過一百分鐘。超過這個時間，小孩的身體就會開始扭來扭去，根本按捺不住。如果跟孩子約好那天可以用兩到三小時，時間一到，因為看膩的關係，孩子通常就會自己關機了。

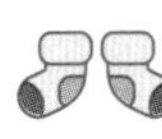

第三，要排除自己想把智慧型電子產品拿給孩子使用的每一個瞬間。

父母們最想要把智慧型電子產品拿給孩子使用的時刻，應該就是「外出用餐時候」。這點想必大家都感同身受。才剛開始用餐十分鐘而已，孩子就已經不安分地動來動去。要求他不准動，他又會在那邊哼哼唉唉躺著耍賴。尤其當周圍的人開始向這裡盯著看的時候，智慧型電子產品就像是百萬救兵一般的存在。

而問題點就在於：「外出用餐時候」到最後可能會擴展成「吃飯時候」。然後會演變成一天被孩子糾纏兩到三次的局面。這是最糟的情況，不是嗎？

如果各位很難做到外出用餐時不帶智慧型電子產品，那麼我很想果斷地告訴各位：就減少外出用餐的次數吧！

「我今天不想吃飯！」這句話對父母來說，簡直就是攻擊性最強的武器。如果還加上使用智慧型電子產品的問題，這根本是把人往死裡打。「要是不讓我玩平板電腦，我就不要吃飯了！」尤其當孩子這麼說的時候，該怎麼辦呢？所以，不管是不是外出用餐，反正吃飯時間絕對不要讓孩子使用就對了。

第四，熟悉智慧型電子產品的使用方法，並把它當成工具來活用。

現今這個世界變得非常便利，大家生活上也很依賴智慧型電子產品，要完全切斷智慧型電子產品，其實很困難。但如果能夠善加利用這些產品，就會給自己帶來很大的幫助。

近年來，懂得製作智慧型電子產品應用程式的人變得相當搶手。連針對小學生的程式設計課程也都像雨後春筍般冒出來，這些現象想必各位都看見了。說不定就像英文一樣，基本的程式語言將會成為一種普羅大眾必備的技能。

雖然有人會說各種社群平台讓人浪費時間，但現在終究演變成必須使用這些社群平台的時代了。創業的人至少要用到Instagram、Youtube等一種以上的網路媒體。就像電視台需要靠廣告增加收入一般，也有許多個體戶會利用這些資源來賺進更多收入。我在這裡稍微停頓一下。我絕對沒有想要帶給各位「那父母又得為此給孩子做好準備了」這種意圖喔！畢竟現在各位的孩子還沒大到能懂得使用這些的年紀啦！等他們長大再來學也都還來得及。

只是我想建議各位，既然要使用，那不如好好熟悉這些智慧型電子產品並且加以利用。不要光是花錢買別人做好的應用程式，而是善用這些應用程式來產出一些東西。比如說利用繪圖功能畫張圖、敲敲鍵盤寫些文章、或者像是Youtuber那樣拍個影片等等，有很多活用的方法。相信將來會出現很多創意達人喔！

請不要「栽培」孩子，過度期待會讓自己和孩子生病！

各位現在最迫切想要達成的目標是什麼呢？英文？證照？健身？減肥？不是，我要問的不是這些。我想問的是對各位而言，真正最重要的目標是什麼。請各位想想看值得投入自己全部人生的那種目標。對，就是這個。我想大家應該會回答：希望我的孩子好好長大。應該是這個吧？

既然已經確立目標，那麼就來具體地定義一下這目標到底是什麼吧！所謂具體的意思就是：「好希望我的孩子能這樣或那樣長大。」舉例來說，就是希望自己的孩子未來從事的工作可以滿足自我實現和經濟富裕的需求，同時又可以享受職場生活；還希望他擁有積極正向的個性，跟每一個人都可以相處融洽。這種程度應該可以了吧？

這樣的目標多麼珍貴啊！這應該是所有父母都希望孩子能完美達成的目標。

畢竟孩子就是我們最珍惜又最心愛的存在嘛！但是在這樣期盼的同時，內心又會隱約感到有些不安。萬一中間出了什麼差錯該怎麼辦？要是我搞砸了該怎麼辦？各種大大小小的擔憂真的是非同小可。

覺得很不安又能怎樣呢？那就啟動「完美主義」啊！為了栽培出完美的孩子，父母們都為此下定決心並卯足全力。

因此，打從孩子出娘胎開始，父母們就拼命地跟孩子講話、不停地問他們各種問題。為了不讓孩子輸在起跑點，父母們還會配合孩子的年齡讓他進行各種程度的學習。噢，別忘了，在這所有過程中都要盡可能給予孩子適當的稱讚。

而且，因為怕孩子的人格養成會出問題，還得格外小心從自己口中講出來的每一句話。每每在很想脫口而出「不可以那樣！」「不行！」的瞬間，都還會立即踩煞車，「要不要想想是否有更好的處理方法呢？」「該怎麼做才是最好的呢？」搞到後來自己都嘴巴抽筋、頭都要痛了起來。都已經做到這種程度了，還是忍不住對孩子發脾氣了嗎？依然對他說出粗暴的話了嗎？每當這種時候，因深怕在寶貝孩子內心留下創傷，甚至到晚上都無法好好睡覺。

只有這樣而已嗎？你還要擔心孩子的人際關係。畢竟人脈在這個社會上是非常重要的一環啊！所以從小孩上幼兒園開始，父母們就要突破重圍「幫孩子交朋友」。每到週末就要去親子餐廳辦一下聚會，讓孩子們彼此見見面，幫他打入交友圈。還要送他去上各種才藝班。

那到了上小學呢？苦撐到這時候的許多職業媽媽們，此時也都紛紛辭職了。因為周遭開始會出現如果做爸媽的不幫孩子交朋友，小孩十之八九可能會被霸凌等七嘴八舌的言論。

唉！養個小孩還真的不是普通的累欸！但話說回來，花了這麼多心思，小孩真的能好好長大嗎？

這個嘛，難道我們人生當中，萬事都是一次就按照我們的計畫走的嗎？每年到了年底至年初的時候，我們也都在做計畫。可是就連「我自己」所做的計畫都無法「按照我的意思」來進行，難道「別人」就有辦法「按照我的意思」去做嗎？就算能做到好了，這項計畫至少要為期二十年才能達到。而且過程當中一定還是會出現意料之外的事情，這是百分之百必定會發生的。

接下來會發生什麼事呢？就是孩子不聽話，而且還跟自己唱反調。每天只知道打電動玩遊戲，要不然就是一直在社群網站裡面鬼混，魂都不知道飛到哪裡去，還跟你說想要休學。明明把孩子養得漂漂亮亮的，可是他嘴巴一打開，就是滿口粗話跟髒話。有時候還會突然失去所有熱情和鬥志，陷入在自己憂鬱的小角落裡。還有，好好的朋友不交，卻偏要跟奇奇怪怪的人來往……

遇上這些情況，父母心中的失望想必是難以言喻的，而且還會非常火大。人就是這樣，要是自己所期盼的事情無法達成，就會按捺不住心中的怒火。再加上那位不聽話又經常唱反調的人，還是自己傾注全心的「我的人生目標」！真的會被氣到得內傷！

但其實在這樣的過程中，不只是父母受傷而已，孩子也都生病了。我看過許多這樣的案例——年僅二十多歲的年輕人放掉了人生的繩索。在精神科的病例當中，這樣的人比比皆是。他們都是在父母過度貪心的要求下而被搞砸的孩子。

當我這樣講的時候，可能會有人這樣想：「天啊！這種父母到底是多強勢地壓迫孩子，甚至還搞到小孩必須看精神科醫師喔？」然後會猜測這樣的父母一定是很奇怪的人。但其實見面的時候會發現，他們就跟我們平常會看到的鄰居朋友沒什麼兩樣，而且反而還比一般的父母看起來更慈祥、更愛自己的孩子。

來看精神科的孩子當中，有很多他們的父母甚至比精神科醫師更懂得如何正確地掌握原則來引導孩子。然而，在跟他們商談的過程中會發現，有些時候他們會做出讓人喘不過氣的行為。他們甚至連面對治療自己子女的治療師，也都會希望對方按照他們的意思來進行診斷。

「我覺得醫生看了這個應該會有些幫助，所以我寫了一些東西給您。希望可以參考一下這個內容，在跟我家孩子諮商的時候跟他提一下。」

如果只是一次、兩次，我倒是還可以接受，但是從那之後開始，這些父母就一直給些勵志小語，然後要求我對已經長大的孩子說這說那，弄到後來我真的很想逃跑。我似乎能明白為什麼我的病人只要找到機會就想要切斷跟父母的聯繫。

出發點雖然是好的，但卻產生了不好的結果，這類的事情無論何時都有可能發生。就連我自己也可能在不知不覺當中，讓我的孩子喘不過氣來。無法好好喘息的孩子們，難道能好好成長嗎？

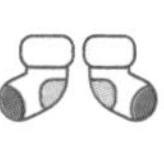

「栽培孩子」這句話，其實只對了一半。孩子並不只是因為被我們栽培而長大的，而是他自己也會成長。就跟樹木成長的道理是一樣的。只要把樹苗種植在有陽光的地方，然後給予水和肥料，我們的責任就已經完成了。

請不要一直幫樹木剪枝，也請不要一直出手碰它。不然孩子最多也只能成長成那種看起來還可以的庭園樹木罷了。如果運氣非常好，孩子能乖乖按照自己的計畫長大，頂多也只能達成父母目標的七八成左右。想要孩子百分之百都達到父母設定的目標，這談何容易？但如果我們放手，說不定孩子可以發揮到百分之一百二十、百分之一百五十，甚至還可能做到百分之兩百的程度呢！

如果希望孩子能長成雄壯的巨木，作父母的只要幫忙把害蟲除掉，然後靜靜等待他成長就夠了。當然要做到這樣很不容易。有人會說：「在孩子做出錯誤選擇時，我們難道有可能不衝過去糾正他，而是按兵不動嗎？」針對這樣的質疑，就連我也很難有自信地說出「當然啊！可以忍耐得住的！」這種官方回答。但即使如此，還是唯有忍耐才行。因為這就是父母們能給予孩子的最偉大的愛了。

請不要「栽培」孩子。只要陪伴在他身旁，看顧著他就可以了。

對未來的擔憂是沒必要的煩惱，孩子往往會成為比父母優秀的人！

「等到我的孩子大了之後，那時的生存環境好像會比現在艱難很多……」

各位是否曾經想過這個問題呢？

未來的社會競爭會更加激烈，職缺也會漸漸減少，到了孩子出社會的時候，要賺到錢似乎會變得越來越困難。就連現在存錢也很難買到房子，未來的房價就更難說會飆漲到什麼程度了。每當想到這裡時，難免會擔心孩子的將來會不會比自己過得更不好。

整個大環境如此地不友善，但是，唉呦，我家那不懂事的傢伙似乎還不知道要努力啊！「玩吧！玩吧！趁年輕的時候玩耍吧！青春只有一次啊！呀呼～」因為很怕孩子青春期的時候會變成這樣，甚至擔心到晚上睡不著的地步。

哎呀！我是不是又在給各位的不安火上加油了呢？等等，請各位稍安勿躁，好好聽我說。各位真的完全不需要擔心。我想要對各位說：「所有的孩子往往都會成為比自己的父母更優秀的人。」

關於這點我真的可以掛保證。就算父母們心目中還是有所謂的成功人士模範名單，但要說孩子覺得自己比父母還要差的人，我到現在可是連一個都沒看過。子女們都會覺得自己比父母更優秀。這是真的。

各位覺得難以置信嗎？那麼我舉個例子給大家聽好了。

我知道有一位在社會上很有名望且備受眾人尊敬的商界成功人士。他的孩子則是一位收入還不到父親的二十分之一、默默無名的音樂家。他的才華只是一般般，也沒有那種練習到廢寢忘食的熱情。但是他卻這樣說：「我父親是個不懂得過人生的人！我為他感到惋惜。」

其實我也是這樣。我是真的很尊敬我的父親，但是有時也會覺得我過得比父親更好。啊，當然我父親到現在看到我的時候，都還是會說我應該要更懂事一點啦！他常常把我當成「吃米不知道米價」的年幼孩童，如此為我擔心。

說到這裡，各位覺得如何呢？

各位覺得自己過得比父母還要不好嗎？

這個世界一直在改變。人生本來就沒有所謂的標準答案。所以，以孩子的角度來看的「超棒人生」，改用我們的基準點來看就一定會截然不同。正因如此，我們不需要試圖用我們的標準死命地要求孩子配合。這麼做是不行的。

人類歷史上普遍來說，沒有一個父母是不擔心自己孩子的。但是各位看看，這個世界不也正在持續發展當中嗎？因此我們現在所擔心的事情，真的是沒什麼必要的煩惱！

現在各位能相信我說的話了吧？

孩子往往會成為比父母更優秀的人。所以從現在開始，請放下對子女的擔憂，抱持著安穩的心情將他們撫養長大吧！

擔憂孩子語言發展遲緩？請將不安交給信賴的專家！

那些來看我部落格的朋友們，都會提出各式各樣的問題，其中滿多人提到他們很擔心孩子語言發展遲緩的問題。

「我的孩子只會說這些話，都不知道這樣到底算不算語言發展遲緩？」

「孩子有這個問題，我該向誰求助呢？有沒有推薦的醫院呢？」

「我很想帶孩子去檢查，可是又擔心孩子萬一有過精神科治療病史，對他往後生涯會很不利。」

這些煩惱應該都是生過小孩的父母們曾經擔心過的問題吧！說不定各位也曾經被熟人、晚輩，甚至被不認識的匿名人士詢問過類似的問題呢！這類問題到底該怎麼回答才好呢？

我們就先從「不太知道如何判斷孩子是否出現語言發展遲緩的症狀」開始探

討好了。首先我要問各位一個問題：是誰觀察到孩子似乎有語言發展遲緩的狀況呢？幼兒園的老師？親戚？小兒科醫生？不然是自己的感覺嗎？

假設觀察者是幼兒園老師或小兒科醫生，又或者是相當瞭解這個年紀孩童的人，當他們這樣告訴你的時候，我希望各位要馬上帶孩子去做檢查。

如果家族當中沒有什麼同年齡的孩子可以做比較，又沒什麼機會聽聽幼兒園老師給的意見時，那麼就定期帶孩子去小兒科作檢查，參考這些嬰幼兒健康檢查的結果就可以了。

假如已經決定要讓孩子接受發育診斷，那麼我會建議去家裡附近有兒童精神科（又名：心智科或身心科）的醫院做檢查。需要排隊等幾個月的大學附屬醫院或有名的醫院雖然也很不錯，但是能早一點讓媽媽和孩子都平安無事更重要。

在大醫院坐著等候的過程本身就相當令人咋舌。讓小孩在狹小的空間乖乖坐著等一個小時以上，這哪是一件容易的事情呢？等到實際上要進入問診室的時候，不知怎麼地，連要問醫生一個問題也都變得相當困難。自己都已經等了一個小時，後面還有幾十個人在那裡排隊，一想到這些，媽媽們就會覺得「那我還是自己調整一下心情就好了。」最後就會這樣放棄。

而且，一旦等候看診的人數很多，要好好諮詢就會變得相當困難。所以請各位去看診環境比較舒適、離家又不遠的兒童精神科醫院接受診療吧！兒童精神科的醫生全部都是精神科領域的專科醫師，絕對值得信賴。

前面也提到過，很多人會擔心如果曾經有過精神科的治療紀錄，要申請保險等都會相對不利。不過，在療程結束的那一天算起，過了幾年之後如果想要申請保險，保險公司其實並不會過問，也不會追究這些經歷，意思就是說這類的紀錄對於已經成年的人來說，並不會造成任何問題。

至於找工作方面，各位更是不需要擔心。沒有任何一家公司會要求求職者把自己的醫療紀錄公開出來，因為醫療紀錄是受到最嚴格保護的個資之一。

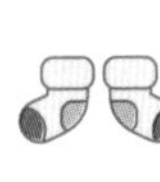

當孩子出現語言發展遲緩的狀況時，父母光是等待，其實一般來說真的很難鑑定出孩子到底是否有問題。就算在網路上再怎麼查資料，也不太能找到答案。畢竟光是看文字敘述，跟實際狀況其實很不一樣。就連把語言發展階段表背得滾瓜爛熟的我，實際上也沒辦法幫我的孩子做出概括性的評論。

孩子在語言方面就算出現一點點問題，我也會建議在早期就要做好判斷並介入處理。這是因為語言是人類社會中最基本的溝通工具。如果不太會說話，不只是孩子會感到很不舒服，大人們也會不舒服。這會讓孩子的生活變得困難重重，在交朋友方面也會更加吃力。

去接受檢查之後，如果診斷結果是正常，就可以放心；若不是的話，那麼接受治療就對了。做出這樣的選擇並不會有任何損失。早點發現孩子需要接受治療並且及早幫助他，這是非常有價值的事情。

希望各位能把不安交給專家，並且度過平平安安的生活。

尋找增進智商的道具前，請先瞭解智力研究的虛實！

「如果給孩子餵養母乳超過六個月，孩子的智力就可以增加十個單位。」

不知道各位是否曾經聽過這種說法呢？各位不好奇這到底是不是事實嗎？雖然我在前面的章節中也提過，不管是不是餵養母乳都不要緊。不過，究竟為什麼會有這樣的說法呢？

我就從結論來跟各位說明好了。這些都是實際研究過的結果。有一篇在二〇〇二年發表過的論文中有提到過這樣的內容，而且這篇論文也曾經被引用在一個非常知名的頻道裡面。

這篇研究結果指出，這些喝母乳不到一個月的孩童，他們長大成人後的平均智商為九十八點二；而喝母乳滿七到九個月的孩童，他們長大成人後的智商足足都有一百零八點二。這真的是相當令人震驚的結論，不是嗎？喝母乳達六個月以上的孩子，智商的確增加了十個單位。那麼現在無法給孩子喝母乳的媽媽們全都亂了手腳啦！孩子從起跑點開始，智商就已經註定輸給別人十個單位，局面已經直接被設定成這樣了。

但是我早就告訴過各位不用擔心。從現在開始，我要把事實告訴大家。

前面有說過喝母乳七到九個月的孩子，他們的平均智商會達到一百零八點二。這麼說來，喝母乳超過九個月的孩子智商會有多少呢？一百一十？一百一十二？……全都不是。跟喝母乳七到九個月的孩子的智商相比，這些孩子至少掉了六個單位，只剩下一百零二點三。

這到底是怎麼一回事呢？喝母乳滿九個月的孩子，他們的智商會上升到某個程度，但是在那之後就算繼續喝母乳，智商還是會掉下來。有媽媽可能已經下定決心要餵母乳整整一年了，那麼各位可以把期限設定在九個月，超過九個月就應該要停止囉！

好啦，我是開玩笑的。餵母乳滿一年也行，餵母乳六個月也可以，乾脆都不餵母乳也是沒關係的！因為餵母乳其實跟孩子的智商根本一點關係都沒有。

智商相差到十個單位，這像話嗎？可能有人會這樣說。是的，沒錯。喝母乳七到九個月的孩子，長大之後的智商的確有比較高，是有這樣的事實沒錯。但這些人的智商比較高，並不是因為喝母乳的關係。

其實這項研究當中隱藏著相當嚴重的錯誤。這是一項針對丹麥在一九五九到一九六一年間生產的母親與孩子所做的研究。在那個年代，母親的教育程度和收入水平如果越高，她們餵孩子喝母乳的期間就會相對偏長。

教育程度較高的母親往往會生出智商較高的孩子，這是因為這些母親的收入水平比較高，因而能給予孩子相對較為優質的教育。所以，這些孩子過了二十七年之後所測出來的智力測驗結果怎麼會不高呢？然而這樣的結果難道是因為受到喝母乳的影響嗎？

前面也提到，喝母乳超過九個月以上的孩子，他們的智商比只喝七到九個月的孩子還低，會出現這樣的結果，跟上面提過的原因也是一樣的。在這個研究中，相較於餵孩子喝母乳七到九個月的媽媽群，給孩子喝母乳超過九個月以上的媽媽們，其教育程度與收入都是比較低的。她們的教育程度和收入水平跟餵孩子母乳二到三個月的媽媽們差不多。

這麼說來，喝母乳二到三個月的孩子們的智商是多少呢？各位很好奇吧？這些孩子們的平均智商落在一百零一點七左右。跟喝母乳九個月以上的孩子的平均智商一百零二點三相比，真的是相當接近。因此，說是因媽媽的教育程度和收入水平而對孩子的智商造成影響，做出這樣的結論也不為過吧？

各位還覺得餵母乳會決定孩子的智商嗎？還懷有一絲絲疑慮嗎？好的。那麼我就來告訴各位一個規模更大的研究結果好了。

對於智商來說，遺傳因素和大環境狀況的影響是非常巨大的，所以有一個研究排除掉了這些因素，單純只用餵母乳的因素來進行實驗。這個研究針對一個家庭當中喝母乳長大的孩子，跟不是喝母乳長大的孩子來進行比對。也就是說，在這個家中，老大是喝母乳的，老二則是喝配方奶的，然後拿這兩者進行智商的比對。結果如何呢？就跟我們預測的差不多，不管是不是喝母乳長大，孩子的智商都沒有什麼差別。

智商雖然也會受到後天的影響，但要提升智商指數並沒有其他特殊要素。好好完成正規教育，不要暴露在有慢性壓力的環境，在這些方面做好努力就可以了。除此之外，其他的因素並不會產生什麼特別的效果。

我們生活中，能影響智商指數的東西其實真的非常少。智力測驗也只是判斷腦部狀況的其中一個項目而已。雖然藉由智力測驗可以得知一個人的短期記憶、專注力、判斷力、推理能力、語彙能力等等，但這些能力都只跟學習能力有關。也就是說，這些數據只能判斷孩子是否能取得「好成績」。但是一個孩子的耐心、毅力、興趣取向、學習意志等，這些指標在「學習表現」上都扮演著比「智商」更具決定性的角色。我們透過自身的經驗也都瞭解這點，不是嗎？尤其是那些腦袋聰明卻不太會唸書的朋友們。

總結來說，世上並沒有什麼能增進智商的魔法道具。就算能讓智商增高一點好了，人生也不會有什麼改變。對孩子的人生來說，真正重要的是一顆快快樂樂的心、平安舒適的環境。請各位在這方面花心思就好，該做的就只剩下這些了。

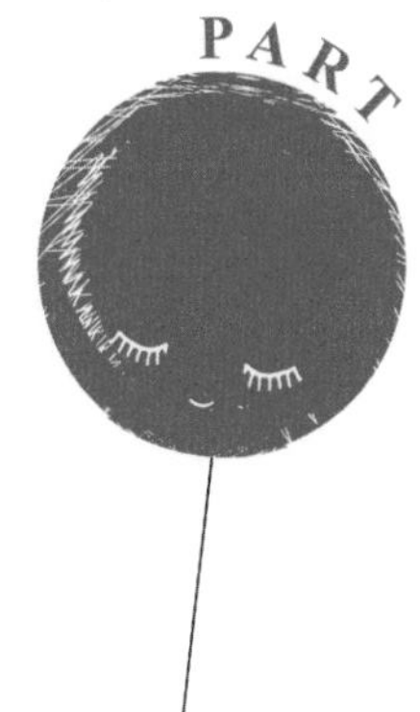

3

以佛系育兒改變管教——

保持溫柔而堅定的態度，不被失控的情緒左右！

從篩選該管教的事情開始，盡可能減少對小孩的管教！

所謂的管教，就是為了讓孩子能跟別人相處融洽而告訴他該有的規矩。如果孩子一輩子注定會生活在無人島上，那麼根本不需要有管教這麼一回事，小孩在任何時刻亂吼亂叫、蹦蹦跳跳都沒有關係。可是如果想要在這個社會裡生活，像這樣亂叫亂跳是不行的，這時候父母就必須管教孩子。

可是要教好小孩這一點真的好難喔！孩子簡直就像是不懂事的冒失鬼化身，都已經跟他說那樣很危險了，卻還是跑跑跳跳；要他安靜一點不要吵到別人，依然大吼大叫。不管怎樣指責他，他還是拼命去做那些叫他不要做的事情。

孩子真的是教了也不一定會照做，對吧？常常聽不懂大人的意思，或是索性不聽，硬是想怎樣就怎樣。所以有時候真的很想跟他拼個你死我活，看看到底是誰會贏。而父母跟孩子拼輸贏到後來，往往總是會有一方先暴怒，然後哭得唏哩嘩啦，這種情況真的很常發生。

我們該教孩子的東西不只一兩樣，要是每次都搞得自己筋疲力盡，這樣父母和孩子之間的關係就容易產生裂痕！所以最好是盡量將管教減到最少，要減少的部分也包含該管教的項目還有管教的方法。

首先是「該管教的項目」。請訂出不需要管教也沒關係的項目。至於判斷的標準是什麼呢？其實很簡單。「會不會傷害到別人？」如果會，那就是該管教的項目；如果不會，那就是只需要給他建議（謎之音：碎碎念）的項目，大家按照這個原則來分類就可以了。

舉例來說像是打人、在室內奔跑、在餐廳亂跑、大聲吼叫等等，這類行為就可能會傷害到別人，對吧？所以這些就是父母該管教的事情。出現這些狀況時，就該告訴孩子「不可以這樣！」。不過，如果是不會給別人帶來傷害的行為，只需要溫和提醒。比如在叫孩子來寫作業的時候，只需要說「你該寫作業囉！」這樣就行了。「你只可以寫作業！不寫不行！」請不要這樣對孩子說。

不過，就算是需要管教的行為，但如果不管教也能解決的話，那就是最好的了。我們不一定要孩子改變，但是我們可以調整他所在的環境和狀況。我會具體地跟大家分享這一點。

請假設一個情況：路中間插著一根大釘子，人們在經過時都會被這根釘子鉤到而跌倒。請各位想想看該怎麼解決比較好呢？

1. 找個人站在有釘子的地方，然後對每一個路過的人大喊「這裡有釘子喔！大家走路時要注意喔！」

2. 在釘子四周弄出籬笆，讓大家不要接近。

3. 把釘子拔出來。

最好的方法應該是3，對吧？如果狀況不允許，那麼2也可以。如果連2都沒辦法，那麼就要選擇1的做法。

在這裡1的做法就是「管教」，這是最複雜的解決方式。所以才說請各位將狀況盡量處理到不需要管教的程度，然後利用2或3的做法。譬如，當孩子胡亂奔跑的時候，我們就盡量將環境轉換到奔跑也沒關係的場所。說到這裡，各位能稍微抓到感覺了嗎？

各位應該很好奇為什麼我這麼強調要盡量減少管教，這是因為孩子大部分的行為或生活習慣，都會隨著時間過去而在不知不覺中改變。當孩子的腦逐漸成長時，他也將學到如何忍耐，因此總是跑來跑去的狀況就會漸漸減少。現在雖然在我們眼裡看來很沒禮貌，但是孩子並不會永遠都是這副德行的。

再者，其實根本沒必要把不聽話的孩子硬是抓到自己面前教訓，搞得自己氣力耗盡。再怎麼努力也是沒什麼用的。看看那些育兒指南書，全都是教一些什麼「如何讓孩子乖乖聽話」之類的內容。不過當我們試著把這些方法套用在孩子身上數百次之後，就會體悟到一個事實：反正這些方法在我家小孩身上都行不通啦！孩子今天被管教的時候還哭得一把鼻涕一把眼淚的，明天卻又做出一模一樣的事情。你問為什麼會這樣嗎？那都是因為孩子還小的關係，直到他的腦袋完全成長之前，會發生這些事情都是無可奈何的。

此外，我們在管教孩子的過程中，很有可能會讓孩子受傷。我們並不會在孩子表現得相當乖巧有禮貌時去管教他們嘛！都是在孩子做出令人看不順眼的行為時，我們才會去指責。但是在這樣的過程中，我們的表情就會在不知不覺中變得兇惡，對孩子投射出警告的眼神。甚至不只如此，我們還可能會開始發火，大聲叱喝孩子。而唯有我們自己才能阻止這些情況的發生。

各位都同意我說的吧？如果都同意，那麼我就會在下一篇當中一一告訴各位能減少管教的方法。

再怎麼訓斥也不聽話嗎？管教之前務必先瞭解小孩的特性！

就連平常斯斯文文的孩子，也可能在某些瞬間變得煩人又討厭。

假設，孩子開始出現把積木往地上丟的行為，我們會說：「不要丟積木！樓下的人會嫌吵！」如果孩子這時候乖巧地回答：「好。」然後再也不丟積木到地上，這樣該有多好啊！但是這根本連門都沒有，完全是癡心妄想。我們的話對孩子而言幾乎是左耳進、右耳出，他肯定又會再丟一次。對，就是丟了兩次。

好的，此時想必我們的腦袋裡已經被以下想法塞爆：「你現在是不把我的話當一回事嗎？你昨天也因為丟積木所以被罵，難道都忘記了嗎？我到底要講幾遍你才會聽話？你是不是故意的？不要再去碰積木很難嗎？」

就在自己糾結到底要不要發飆的同時，如果孩子又撿起積木往地上丟了一次，這時我們就會忍不住一把抓住孩子的手腕，大喊：

「不准丟！」

「（一、二、三）嗚啊～！」

果然又是個一把鼻涕、一把眼淚來收場的一天。

一旦開始教訓孩子，這種狀況就是免不了，想必各位都有相似經歷吧？

「我跟你拼了！看是誰會贏！就叫你要聽話！」此時父母如果像這樣跟孩子僵持不下，最後氣氛真的會變得烏煙瘴氣。

育兒生活真的存在許多辛苦，即使其他部分還可以稍微糊弄過關，但說到管教，就真的很困難。我自己也是這樣。育兒書籍也讀了，育兒節目也收看了，前輩們的建議也都聽過了，但事情就是沒那麼順利。

如果各位也跟我一樣，那麼真的找對人了。我會跟大家分享我的經驗。現在起我會告訴大家比較容易管教孩子的方法。俗話說「知己知彼，百戰百勝」嘛！孩子們到底為什麼這麼不聽話？我們就從原因開始探討起吧！這類不聽話的孩子大致上可以歸類出七種特徵。

1. 超級固執。
2. 很容易生氣。
3. 會在路上大哭大鬧，躺在地上耍賴，讓父母非常尷尬。
4. 不希望他做的事情，不管再怎麼說他，隔天依然故我。
5. 希望他做的事情，不管再怎麼說他，隔天依然故我。
6. 比起用說的，更愛用哭的。
7. 好像故意不聽話一樣。

各位覺得如何呢？大概就是這些特徵了，對吧？無法控制衝動、專注力下降、語言能力也下降等等，我的天啊，這些症狀跟前額葉受損的患者特徵很像耶！好像罹患失智症一樣！呵呵。雖然我專攻失智症的領域，但是我並不會把這些狀況跟失智症聯想在一起。

孩子之所以會出現這些特徵，是因為他們腦部的「前額葉」尚未發育完全的緣故。想著自己過去硬要改變孩子行為的那十幾年的日子，就像走馬燈一樣一幕幕閃過腦中，不禁莞爾：「我那時候到底在幹嘛啦！」

請去思考看看孩子是否在他們的能力範圍內盡了全力，這時就會發現他們其實並不是故意不聽話。就算講了幾千萬次也還是改不過來，這是理所當然的事情啊！並不會因為我們管教孩子，他們的大腦就能在一夕之間發展完全。

孩子們也不是因為想被罵才故意那麼做的。哪有人喜歡被責備呢？可是孩子卻最常被父母責備。「孩子會那樣，都是為了引起父母的注意。」或許有人會這樣分析孩子的行為，不過我個人並不相信這樣的假設。為了引起別人注意而故意做壞事，這僅僅會發生在少數有人格障礙的成人身上。而孩子會那麼做，純粹只是按照他們大腦的指示去行動而已。

瞭解這些之後，我們在管教孩子時就不要再發脾氣了。畢竟發脾氣也沒有用啦！孩子並不是不做，而是做不到。直到長大之前，他們會這樣都是無可奈何的事情，請各位理解這點。當然我知道這並不是一件容易的事，即使如此，身為父母的我們還是要多多理解、順著毛摸。這有什麼辦法呢？畢竟是前額葉還在成長的孩子嘛！

小孩的大腦與成人不同，在發脾氣前試著換位思考！

小孩跟我們真的很不一樣。雖然外表看起來差不多，不管由誰來看也都看得出來這孩子像爸爸或媽媽。但即使是自己的孩子，很多時候我們也不知道他那行為到底是像誰。他腦袋裡究竟裝了些什麼東西？每次想到這裡就覺得自己快要發瘋了。

不知道孩子為什麼一開始耍賴就停不下來嗎？孩子動不動就哭，到底為什麼會這麼愛哭呢？孩子會先想到後果再去做事情嗎？就算每天都被罵，卻還是繼續反覆做出一樣的行為，他是故意的嗎？是想要逼瘋我嗎？

我先把答案說出來好了。為什麼孩子的行為跟大人會如此不同？這是因為他們的大腦跟我們成人不一樣的關係。從出生開始要再過二十五年的時間，他們的大腦才會跟大人的相似。

竟然要到二十五年，各位覺得難以置信對吧？還以為孩子到了六歲時，腦部應該就已經長好了吧。這是沒錯的，到了六歲左右，腦部的重量就已經發育到大人的九成五左右，大致上都已經長好了。運動機能和語言機能方面，從表面上來看，是幾乎跟大人的腦部差不多。但是，對人類來說相當重要的一些腦部機能，則還需要再過一段時間才能形成。

尤其是負責掌管情感和衝動調節、行動的結果預測、綜合性判斷情況的能力、對目標的集中力等方面的「前額葉皮質（Prefrontal Cortex）」，其機能必須要等到青春期都過完之後才會完全形成。青春期的孩子們之所以會被情緒左右，而且就算已經預知結果是不好的，還是會容易因為衝動而做出不好的行為，原因就在這裡。就算到了二十幾歲也還是會這樣喔！譬如韓國汽車保險在二十五歲前和二十五歲後的保費之所以不一樣，就是因為在二十五歲前，因超速、違反交通號誌等原因而發生事故的比率相當高的緣故。

就連二十幾歲的人都這樣了，更不用說年幼的孩子。就算大人再怎麼跟他說「你要先想想後果再行動！」或者「你為什麼這麼沒耐性啊？」「怎麼動不動就哭咧？好好說嘛！」到了隔天孩子依然做出同樣的舉動，也是想當然耳的事了。

各位覺得怎麼樣呢？現在有沒有稍微能理解孩子們的行為了呢？從今天開始，各位應該能夠以「已經成長」之人的角度來面對「尚未成長」之人，並寬容地對待了吧？

當然這仍然不是一件容易的事。即使大腦能夠理解，但還是有很多時候，怒氣會忍不住從心中冒出來，很難阻擋。面對超級固執、隨心所欲行動、動不動就鬧脾氣、叫他不要做卻還是一直去做的小小人兒，照顧起來也著實辛苦。不管是誰都會發脾氣。

不過每當這種時候，請各位稍微思考一下這件事，也就是「換位思考」。總有一天我們也可能會面臨到自己變得超級固執、突然發脾氣、行為舉止相當不合理的日子。我說的就是老年失智。到了那個時候，我們會希望自己的孩子如何對待自己呢？請各位思考一下吧！應該會希望孩子能包容自己的不足、能理解自己、關懷自己，對吧？如果各位希望如此，那麼我們也該這樣對待孩子。

無需過度著急，即使悠悠哉哉地管教小孩也沒關係！

管教要從幾歲開始呢？二十四個月大？三十六個月大？

想必各位應該很常聽到這類說法：「滿三十六個月之前，即使管教了也沒什麼效果，所以在那之前不要管教孩子。」

在我看來，這句話的意思就等同於：「喔～那麼從滿三十六個月起開始管教孩子就有效囉？很好。兒子啊，你滿三十六個月大的時候就給我等著瞧！從那天開始，你想要賴不聽話，連門都沒有！」

然後我就照表操課了。結果，事情有變得很順利嗎？

直接把結論告訴各位好了。即使滿三十六個月大，也還是太早了。

我這裡說的太早，意思並不是針對「管教的時間點」來說滿三十六個月大還太早。我的意思是說，即使管教了也不會有什麼效果，所以就算孩子已經滿三十六個月大了也是一樣。這是因為即使孩子已經超過三十六個月大，還是不太會聽話的緣故。

我曾經以為孩子滿三十六個月的時候，就能稍微跟他溝通。因為小孩到了這時候，說話還滿清楚的，所以我以為他都能理解我說的話。因此，當我看到孩子持續去做我叫他不要做的事情時，我就會覺得：「你明明知道還故意這樣！」然後變得超級火大。都已經跟他講了超過三十次以上，卻還是一直那樣，我甚至認真地想過：「這孩子該不會是為了折磨我而出生在這世界上的吧？」為此非常苦惱。所以我很常罵我們家老大。

但是到了養老二的時候，我就比較瞭解了。三歲也還只是個「孩子」啊！要過四歲之後，小孩才能「稍微」聽得懂我們講的話。也因為這種心態上的轉變，我後來對老大感到非常抱歉。

我希望各位不要跟我一樣犯下同樣的錯誤。孩子並不是故意不聽話，而是根本聽不懂。試著想像一下我們去國外打工好了。每次都被老闆罵說「你為什麼都沒有照著我說的話去做！」這樣會有多委屈啊！孩子的立場就像這樣。他們聽不太懂我們在說什麼。這樣各位能稍微理解孩子們的苦衷了嗎？

「那麼到底什麼時候才能開始管教孩子呢？十八個月大的孩子如果亂抓亂打人，我們也要忍住，只是看著就好了嗎？就連滿了三十六個月大才管教，也還是太早嗎？」應該會有人提出這樣的質疑。

會這樣應該是對於「管教」的定義有些模糊不清的地帶，所以才會覺得很混淆。小孩出現錯誤的言行舉止時，當然要在每個當下指正他啊！就算是非常幼小的孩童也是一樣喔！但不管是三十六個月大或四十八個月大，總之看到這樣的數字時，就要知道孩子年紀還很小，聽不太懂我們在說什麼，所以在指正的時候要考量到這一點才可以。

其實，並沒有正式的研究說孩子幾歲才可以進行管教。就算是十個月大的幼兒，如果在吃飯的時候亂扔湯匙，也可以跟他說「不可以丟！」；就算是十八個月大的孩子，如果亂抓亂打人，也必須跟他說「不可以抓人！不可以打人！」。要像這樣指正孩子才行。正因為孩子無法好好聽懂大人說的話，或者即使聽了也還是無法控制衝動、常常忘記，所以父母們也只能數百次地反覆告訴孩子囉！

是的，我說的就是「數百次」。這是沒辦法的事啊！人想要修正一個行為必須花一年左右的時間，甚至兩到三年都有可能。人想要改變行為時，就是要付出這麼多努力。你們在想為什麼需要耗費這麼多時間，對吧？但其實這種程度還算是改變得很快了呢！像我們這樣的成人，可能花個兩到三年也都不太能改過來。你十年前開始就打算做的減肥計畫有成功嗎？明明只要別吃太多就可以了，但這麼簡單的事情，努力了十年卻也沒辦法改變。

各位覺得我是在要求大家即使對孩子很生氣，也不要對他大吼，而是要用沉著的口氣跟孩子說話，對吧？但我們真的能忍得住怒氣嗎？忍不住啊！每次都是夜深人靜的時候流著眼淚後悔不已、下定決心不要再生氣了，可是一到隔天又開始跟孩子大小聲。光是這個部分，我自己也是好幾年都改不過來。就像這樣，要修正行為真的是一件很困難的事情。

所以啊各位，不要再因為事情沒有照著育兒書籍上說的那樣順利而感到著急了！同樣的叮嚀要說個幾百次，最後才會變好。本來就是這樣，所以根本沒有必要生氣。悠悠哉哉地管教小孩也沒關係啦！喔不是，請各位一定要悠悠哉哉地管教孩子喔！

不想對孩子發怒訓斥，那該如何做到溫柔而堅定的管教？

在管教小孩的時候到底該怎麼做比較好呢？

「要溫柔而堅定。」想必各位常常聽到別人說只要做到這樣就沒問題了。可是，到底該如何才能做到溫柔而堅定呢？

我自己在管教孩子的時候，覺得這一點是最難做到的。我覺得好像會因為態度溫柔而讓孩子不重視我說的話；但如果語氣很堅定，又感覺好像太過嚴重，變成在教訓孩子一樣。

「在我發火之前，你為什麼不好好聽話？一定要我大聲吼你才要聽話嗎？」一旦開始管教小孩，很多時候可能又會演變成吼小孩收場的局面。當教訓孩子變成像這樣一團混亂時，那天自己的內心簡直就像在地獄。夜晚等孩子睡著後，我就又開始跟先生進行沒有答案的討論。

「到底該怎麼管教孩子才對呢？他怎麼會一直這麼不聽話啊？我是不是應該對他發火？我要堅持原則到什麼程度？我又該在什麼時候處罰他呢？真的有可能做到溫柔而堅定的管教嗎？」

經過多年的討論，我最後得出了四個重點。在尋找「到底什麼是溫柔而堅定的管教？」這答案的讀者請過來吧！我會幫各位抓到感覺的。

第一，請在言語當中抽掉情感。

畢竟是跟自己孩子有關的事情，父母應該都很難不帶情感。所以說，如果想要調整情感，就得把他當成別人家的孩子來看才行。因此我就照著親朋好友給我的建議，把孩子想像成「別人家的小孩」、「我上司的小孩」來看待。前幾次這樣想像的時候還真的管用耶！可是一開始要做到視而不見真的很困難。也就是說，如果你沒有辦法把自己的孩子看成別人家的孩子，這個方法就行不通了。

於是我開始摸索其他的變通方法，最後找到的答案就是「把自己當成跟客人應對時不帶情感的店員」。我覺得這是最符合這種狀況的典範，這個方法對我來說是比較有幫助的。

第二，直到孩子學會之前都要反覆不斷告訴他。

人要修正一個行為，必須花上一年、甚至兩到三年的時間才有可能實踐。這件事我在前一篇文章也告訴過大家了，對吧？所以說，要指正孩子的行為，就要跟孩子說數百次。那要說到什麼時候呢？說到二十五歲大腦發育完全為止。

第三，如果教訓了還是沒有用，那就先暫停教訓的動作。

在管教孩子的過程中，要是感覺自己快瘋了，那麼就請先停止吧！各位可能會擔心要是中斷教訓孩子，他可能會養成不好的壞習慣，但是請別擔心，我這邊說的是那種「不具連貫性」的教訓。告訴孩子別那麼做，這本身就已經算是一種教訓了。

如果都已經說了「不要那樣做！」，孩子卻還是繼續那麼做的話，就乾脆轉換成孩子無法繼續做出那種行為的環境。孩子會亂丟積木嗎？那就讓積木消失。吃飯的過程中出現問題嗎？那就撤掉飯桌。

「以後再也不會讓他這麼做了！」不需要在一天當中反覆這樣對自己發誓。就算給孩子比較輕鬆的教訓也沒關係啦！即使今天狀況沒有很順利，但是未來還有很多次機會嘛！

孩子大部分的問題都會自然而然地由壞轉好。我們不會看到大人們吃個飯還在餐桌邊到處跑，對吧？畢竟吃飯的時光多麼快樂呀！就算坐兩個小時也可以坐得住。所以只要當孩子稍微再長大一點時，一切就會輕鬆很多了。

第四，無論基於什麼理由都不能傷害孩子。

大家認為在管教孩子時最該遵守的原則是什麼呢？那就是：不要傷害孩子。我們不就是為了讓孩子不要傷害到別人，所以才會指正他、訓誡他的，不是嗎？那麼教導孩子的人自己卻帶給孩子傷害，這樣是不行的吧？

如果我們叫孩子「不要大喊大叫」，那麼我們自己也不應該對孩子大吼才可以。「不可以打人」這原則也是一樣，不論是誰都應該遵守。就像孩子不應該打父母一般，父母也絕對不可以打孩子。沒有什麼所謂的「愛之鞭」這種東西。打了就是打了。

在管教孩子的過程中，真的是什麼稀奇古怪的事情都會發生。孩子憨憨地傻笑著，然後繼續做那些你叫他不要做的事情，甚至還哼哼唱唱的呢！總之各位就想成孩子甚至連父母的頭蓋骨都會打開來瞧一瞧的地步就行了！誰會這麼做呢？問題兒童嗎？不是的，我家小孩也是這樣！

當孩子用真摯的表情默默地聽著你教訓他時，也不需要要求他說：「是，我知道了，對不起。」我前面跟各位說過了嘛！孩子還很幼小，他們可能連道歉是什麼都不太明白呢！

如果我們現在能柔和地對待孩子，那麼往後的煩惱也會更少。「我這輩子從沒打過小孩！」這件事會在以後成為自己有利的背書。舉例來說，如果家裡的哥哥打了妹妹。在教訓哥哥時，他可能會說：「都是因為妹妹害我心情不好啊！所以我就用腳踢她了。」這種時候就可以回答他：「那這樣媽媽心情不好的時候也可以踢你囉？可是媽媽有打過你嗎？」用一句話就可以獲得壓倒性的勝利。

各位覺得如何呢？溫柔而堅定的管教，現在掌握到要領了嗎？

小孩情緒失控時，「反省的椅子」有效嗎？

所謂的「Time out」（暫時隔離法），是當孩子出現問題的行為時，暫時將他帶離現場進行隔離的一種管教方式。例如當孩子太過興奮而高聲吼叫並出現攻擊行為時，有些大人會將孩子關在房間內五分鐘，或讓他坐在椅子上，叫他好好想一下自己做錯了什麼，這個椅子被稱為「Time out Chair（隔離椅）」，這是一種設定反省期限的方式。

這方法能抑制孩子的興奮程度，所期望的效果是往後孩子不會再反覆出現類似的舉動。不只如此，還能確保父母們的安寧，這樣就不算過分教訓孩子了。

聽起來真的是非常理想的方法，對吧？但在實際情況裡，這方法其實很難順利操作。首先，要是孩子不願意進房間呢？這個時候父母們就會陷入崩潰中。接下來所有的動作就可能會偏離本意。

第一階段，父母們會開始皺起眉頭，然後不得不強行把孩子拖到房間去。眼神也會變得很兇狠，「好好跟你說，叫你進房間的時候，就要進去房間啊！」如果在這個階段孩子照做了就一切安好，但是唉呦喂呀！通常孩子這時也會擺出一副「那就來試試啊！」的姿態跟你對峙。

第二階段，這時候父母們就開始跟孩子大眼瞪小眼了。父母強硬地大吼著：「我叫你進房間去！」表面上看起來很強硬，但其實內心根本焦躁不安。畢竟在這個階段還退讓的話，就會搞得自己什麼都不是嘛！所以會稍微板起面孔。

第三階段，最後終於把孩子拖進房間裡了。這個時候孩子鬧彆扭，父母也超火大，事情變得一團混亂。事情搞成這樣，已經分不清楚敵我，就只是為了捍衛自己的自尊心而戰鬥。「你要是再不進房間，我就把你趕出家門！」一些有的沒的、傷人的話都可能會脫口而出。

這一連串過程光是用想像的都令人心驚膽顫，對吧？還是各位其實已經有過這樣的經驗了呢？如果是的話，我們可能要先幫自己擦個眼淚。我自己也是經歷過很多次這種情景，所以我真的不建議像這種給孩子設定反省期限的做法。

坦白來說，要執行這個方法真的很有難度。就連要在精神科病房之類的場所進行，也都相當難以執行。如果想要隔離過度興奮的病人，至少需要三到四名壯丁才有辦法壓制得住。在這種很難控制的狀況下，甚至有可能需要將病人的雙臂和雙腳抬起來，才能移動他。想想看，當自己獨自面對孩子時又會如何？

這種設定反省期限的暫時隔離法，是最難執行在孩子身上的。因為這等於是叫孩子要安靜的意思，那對象可是整天都跑來跑去的孩子啊。雖然要大人安靜地坐著不算什麼難事，可是要孩子這麼做，簡直就是不可能的任務。

也許運氣好一點的時候，能順利得把孩子隔離開來，但即使如此，「媽媽，我想上廁所！」、「爸爸，我口好渴喔！」孩子會像這樣一直試探你的底線。所以他到底有沒有在反省，這效果就相當令人質疑了。喔不，根本不用懷疑。他就是沒有在反省。

我們其實心理都很清楚嘛！在國高中時期都有過上課太吵，而被老師叫去教室後面雙手舉高罰站的經驗。「我以後絕對不會在上課時間吵鬧了！」那時候我們難道會這樣自我反省嗎？沒有嘛！「反正以後無論如何都不要被老師抓到，現在我就暫且忍一下好了。」大部分人應該都是用這種想法來混過時間的吧？

如果連年紀大一點的中學生都是這樣想的，難道更年幼的孩子會有多努力在反省自己嗎？說不定他在那段時間裡想的都是別的事情，或者毫無想法地發呆，總之就是這兩者之一。

所以總結來說，這個做法沒什麼效果，即使父母再怎麼努力，成功的可能性也很低。所以其實沒有執行的必要。

從今天起就別再這麼做了。我自己試過三十幾次以上，也都失敗啦！

小孩亂打人講不聽，該怎麼處理？

如果說要選出一種必定要管教的行為，我覺得是「打人」這個選項。大部分的父母也會這樣認為吧？畢竟這是社會上的基本規範。然而，若孩子養成了打人的習慣，那真的很難改正，會這樣可能是因為比起言語，拳頭比較好使也說不定。所以孩子才會就算被糾正數百次也依然故我。

雖然這個問題滿棘手的，但解決方法其實很簡單。假設小孩打了某人，這時並不需要多麼詳細地跟他說明為什麼不可以打人，只需要跟他說一句話：「不要打人！」這樣就行了。

要是孩子以為你在跟他玩而繼續打人，該怎麼辦呢？這個時候必須要面無表情、用硬梆梆的語氣跟他說：「不要打人！不然我不讓你玩了！」重點在於「語氣要強硬」，眼神則不需要跟雷射光一樣銳利。

要是這樣說了，孩子還繼續打人呢？那就讓他三振出局啦！「原來你還不是個人喔！」我們要這樣轉變眼光看孩子，然後轉換局面就行了。請讓孩子停止正在做的事情，並且轉移他的注意力：「這樣不行喔！我們不要玩這個了。」

如果孩子這時候開始大哭大鬧地耍賴，就要跟他說：「我說過你要是打人，我們就不要玩了！」並且請擁抱一下孩子，再來就要趕快移動到其他地方。要像在大樓入口站崗的警衛應對耍賴的訪客那樣，很得體地處理才行，態度必須沉著冷靜又不激動，而且不失風度地把鬧事的訪客請到大樓外。接下來就是將這些記憶消除掉，然後彷彿什麼事情都沒發生過一般，再次迎接訪客。

根本沒必要發脾氣。發脾氣要幹嘛呢？習慣不可能在一天之內就改掉的，反正到了隔天孩子又還是會打人啊！我之前告訴過各位了嘛，這個階段的孩子還不像個人類啦！即使對他發很大的脾氣也是一樣的，他隔天又會繼續那麼做。

感覺快發瘋了對吧？會想說到底要忍耐到什麼時候？會擔心整個狀況會不會變好？但是請不要擔心。就算進度慢得令人鬱悶，還是會一點一滴變好的。就在你對孩子說「不可以打人！」的同時，孩子用真誠的表情聽著你說話的時機也正在靠近。直到這天來臨之前，只要不帶情緒地反覆去做上述我說的過程就行了。

呦呼～我好像聽到各位湧來的希望之歡呼聲，期待著孩子能聽懂我們的意思之後就能改變習慣。但很可惜的是，這種奇蹟並不會一下子就達成。

哪有人會不知道打人是不可以的呢？但即使如此，暴力事件還是層出不窮。就在各位讀著我這些文字的這個瞬間，想必也有許多已經成長的大人正在打架爭鬧。我們自己也是一樣，被激怒的時候就感覺自己的手好像要舉起來了。如果想要讓手緊緊貼在身上，真的會需要相當大的自制力。

從腦袋知道「不能打人」，到身體養成習慣，真的需要非常龐大的時間。幾乎需要花上十年左右吧。我家兩個孩子八歲、十歲大的時候，都還在為了誰先動手這類的事情吵吵鬧鬧。我大概每兩天就得要管教孩子不可以打人。那麼未來的四到五年間，豈不是要這樣持續碎碎念？（你說我怎麼知道未來也是這樣嗎？我跟我弟弟就是這樣很討人厭地吵架到十四歲左右，呵呵呵。）

要孩子不能打人，這應該是管教的項目中最花時間的了。請各位明白，並不是自己的孩子個性很古怪而改不過來，他們本來就是這樣。所以請盡量放輕鬆，教導孩子到他能做到為止吧！

小孩在家裡亂跑管不住，該怎麼處理？

對各位來說，孩子的哪種行為最讓你感到礙眼呢？我自己是當孩子在家裡亂跑的時候。真的是拜此之賜，我這輩子對孩子說最多的一句話就是「不要跑！」我因為對自己的碎碎念感到厭煩，所以就自動改正了。可是即使我再怎麼注意孩子，他們還是一直到處亂跑。「是不把我的話當成一回事嗎？一定要我罵得更可怕才行嗎？」我可是很認真地在煩惱這件事呢！

有一次我真的氣到大發飆，結果還是一點用都沒有。我罵得超級大聲，孩子們也只是暫時安靜一下子，沒過五分鐘又開始碰碰碰地到處跑了。

跟一年三百六十五天相比，我的發火次數應該算很少了。但聽到孩子弄得樓層中間發出聲音，我無法放著不管，所以我就買了兒童地墊。這真的是相當好的產品！地墊厚度大約四公分，可以吸收掉腳步聲。不過以當時我們的家境狀況來說，價格非常昂貴（雙人加大尺寸要韓幣十八萬元左右）。迫於價格，不得已只能買一個來用，可是孩子哪有可能只在地墊範圍內跑來跑去呢？他們照樣在床墊外的地面上到處踩，發出乒乒乓乓的聲音。

除此之外，地墊似乎無法完全隔絕腳跟碰撞的聲音，所以在阻隔踩踏時發出的轟隆聲方面，仍然稍嫌不足。看來必須換個方法了。「你們在沙發上跑好不好？」我已經做好沙發壞掉的心理準備了。但是隨著孩子體重逐漸增加，連沙發也開始發出乒乒乓乓的聲音。

現在我真的是黔驢技窮。所以我索性放棄了不准在家奔跑的禁令，然後期待著未來孩子稍微長大一點之後，能變得比較聽話。不過後來卻一直被孩子說「媽媽真的很愛碎碎念欸！」就只有我嘮叨的功力變強而已呢！孩子依舊沒有把我的話聽進去啦！

某一天，叫我不要碎碎念的那兩位反過來瞪著我說：「妳能不能只大喊一次『不要跑！』就好？」一直觀察他們的我就在那天終於認清了一個事實：「孩子要不就是靜止，要不就是奔跑啊！原來所謂的走路模式是不存在的呢！」

他們就是精力旺盛才會這樣，能怎麼辦呢？他們還沒升級到能自己啟動「走路模式」的階段啦！無論如何，反正小孩只要一站起來就會想要開始奔跑。

從那天之後，我因為孩子奔跑而發火的次數就大大減少了。因為我已經把孩子能斯斯文文地好好走路的期待都丟掉囉！這麼一來，就沒有什麼因素可以讓我感到心累了。

如果孩子開始跑起來，該怎麼跟他說呢？「你很想跑步對嗎？那我們出去跑跑吧！」然後就帶他出去吧。為了防止遇到氣候狀況不佳的日子（也就是媽媽嫌麻煩的日子），我還買了跳床預備著。孩子在上面跳動時，我們也不太會感受到地板的震動。「你很想跑步嗎？那就在跳床上面跳一跳吧！」

不過即使像這樣做好萬全的準備，也還是會有百密一疏的時候。孩子連你待在廚房或洗手間這種短暫的時間裡，都還是想要跑跳。大家問說這種時候怎麼辦嗎？這時候我們就要化身為飯店接待員，擺出在面對耍賴客人時不帶情感的臉孔，一再反覆地跟孩子說：「不行奔跑！」

「我是不是說過在家裡不要跑？有沒有！你到底要我講幾次？」在這裡我的

重點在於：千萬不要像這樣對孩子發火。為什麼呢？因為孩子們的記憶力幾乎等於零。「什麼？妳意思是說孩子幾乎沒有記憶力嗎？這樣講像話嗎？」應該會有人這樣質疑吧？是的，沒錯。我不是要說孩子沒有記憶力。孩子在平常的時候，是會記得「不可以在家裡奔跑」這句話，可是當他們在起身的那瞬間就會把這些話通通忘光。他們會在最重要的瞬間全都忘記。

你覺得聽他們講話的時候，看起來好像都能正常地想起你叮嚀過的東西，是嗎？我要說一件非常令人惋惜的事情，那就是我也曾經這樣以為，導致我在孩子還很年幼的時候常常對他們大發脾氣。因為他們看起來好像很聰明嘛！再怎麼看都覺得他們是明知故犯啊！

但事實上真的不是這樣。各位也都經歷過不是嗎？不管跟孩子說過多少次：「在過馬路的時候一定要看有沒有車子過來，然後要慢慢走才可以喔！」但只要綠燈一亮，孩子就會直接衝過馬路。他們在那個瞬間真的是什麼都沒想。

孩子們之所以會常常在許多時候忘記重要的叮嚀，是因為他們的腦部功能尚未發達的緣故。所以就算大人跟他們說不要跑，他們也不會記得，所以對他們發火又有什麼用呢？只會讓自己火上加油，不是嗎？孩子們本來就是這樣的。

我在前面提過，人的腦部在二十五歲以前都處於還在發展的階段。你的孩子才活了幾歲呢？所以在那之前，我們也無可奈何啊！只能每次都當成第一次那樣告訴孩子囉！

各位請別忘記。我們的表現要像飯店接待員那樣。

「這位客人，這裡不可以奔跑。請用我建議的其他替代方案吧！」

小孩嗓門大又很吵，該怎麼處理？

我家的孩子嗓門真的超大。當他跑來我身旁大吼的時候，我真的很擔心我的耳膜會被震到受損。當這種嗓門超大的孩子用盡全力大哭的時候，聽到的人整個魂魄都要去了一半。我是說真的！他外婆都可以作證。

不是有人用「吃了鞭炮」來形容大嗓門的人嗎？我家孩子嗓門怎麼可以那麼大？成天轟隆隆的，我都有種站在火車月台的感覺。有個長輩跟我說過：「我每次回家的時候，都覺得我家好像是侏羅紀公園。」她是生了兩個男孩子的母親。

小孩很吵是理所當然的嘛！我小時候也很吵啊！但問題在於孩子吵鬧的狀況變得太嚴重時，就會給大人帶來很大的壓力。一整天都暴露在非常吵雜的噪音中，感覺就快要瘋掉了。

在十幾年的痛苦中，我什麼努力都嘗試過了，就是為了降低孩子的音量。我並沒有碎碎念說：「你們稍微安靜一點」、「不要再吵了」。而是去找能讓孩子心情平靜的音樂來放給他們聽。但是這些努力都失敗了。這樣看下來，我覺得孩子的音量應該是無法調整的了。

後來我就有所覺悟：孩子的聲音基本上就比大人大聲很多。「我今天在學校跟朋友玩遊戲。」就連這麼普通的一句話，從孩子口中說出來的時候，也好像是「媽媽！失火了！趕快出來！」那樣被大聲地喊出來。把日常生活用稍微激動一點的口氣說看看，情緒就會爆發啊！一下子笑一下子哭，就跟瘋子沒兩樣。被這些誇張的演技搊到窒息，好像也是父母該承擔的事情。

我們需要做的是去理解孩子。講不通的事情能怎麼辦呢？

坦白說，我小時候的嗓門也是超級大聲的。在國中的時候還曾經因為在公車上聊天聊得太盡興，而被人家罵（公車上的阿姨們，抱歉。）我們在捷運上要是看到一群年輕學生上車時，心裡應該也會想：「喂！你們真的有夠吵！」他們真的是吵鬧到會讓人頭昏腦脹的程度。

但是，理解歸理解，畢竟我們被搞得心煩意亂，所以這問題還是得解決吧！

第一步，如果孩子嗓門真的超大，首先要帶他去檢查一下耳朵。

老人家因為重聽的關係，所以他們會扯開嗓門喊叫，感覺好像大街小巷都在震動，各位有看過這種場面吧？這種狀況也可能發生在孩子身上。要檢查看看是不是因為耳屎卡太多、把耳朵塞住，或者是否有中耳炎的狀況。請先帶孩子去耳鼻喉科檢查看看。

第二步，請放下企圖讓孩子安靜下來的期待。

各位只要思考如何保護自己耳朵的方法就好了。藥局或文具店等處都可以買得到海綿耳塞，就是那種我們在圖書館會用到的耳塞。戴上這個就可以用來應急了，這種耳塞大概可以阻絕二十八分貝左右喔！

當孩子很吵的時候，如果天氣不錯，可以帶他們出去走一走。此時我建議把滑板車或玩沙用具帶著。這些都是可以讓孩子離自己遠～～～遠的超棒小道具。

不過話雖如此，如果你還在為了「為什麼我家小孩說話聲音這麼大啊！」而感到很生氣，那麼請在小學下課時間站在學校門口看看。你會聽到各種怪聲和吼叫聲此起彼落。這時就會有所認知：「啊！我家小孩其實並不奇怪呢！原來我的孩子這樣還算安靜的咧！」然後就會重拾希望。

孩子的大嗓門可能會折磨我們好長一段時間，然而這並沒有特效藥。我們只能把耳朵摀住，反覆不斷告訴孩子：「請你小聲一點！」然後寄望孩子們青春期的到來。等到那時候，孩子在家裡根本不會想說話了。噢耶！

小孩沒來由地哭泣，該怎麼處理？

我們在養育孩子時，最大的危機瞬間應該就是，小孩沒頭沒腦地突然哭了起來的時候。事情往往在我們太過大意的時候暴發出來。到底我們做錯了什麼？我們根本不清楚啊！明明五分鐘前還是個天真可愛的孩子，結果突然開始吼叫了起來，脾氣就跟火山爆發一樣，然後開始大聲喊叫些我們聽不懂的話，整個人就躺在地上耍賴。

「把拔馬麻聽不懂我在說什麼嗎？」孩子好像是這樣說的，可是再仔細聽一次時，又真的聽不懂孩子在說什麼。要是孩子說得清楚點，可能還可以猜測出來是什麼意思，但是他這樣又哭又叫的，叫人怎麼聽得懂他在講什麼啊？

因為不知道孩子到底為什麼哭鬧，當然也就不知道該怎麼處理。時間一分一秒過去，孩子哭得更加激動。他一直蹬腳，還把頭都貼到地上，一直發出啊啊啊的怪聲。此時的父母想必已經陷入恐慌的狀態。什麼恐怖電影都沒有比這種狀況更恐怖啊！

然後接下來是什麼？一直聽著小孩大哭的父母們終於受夠了，「喂！你到底夠了沒？」開始像這樣對孩子大吼。於是現場完全是一團混亂。最後，要不就是怒火爆發的父母們自己振作精神、停止吼小孩；要不就是孩子被父母嚇到而停止哭泣，可能就是以這兩種方式來收場。

最後剩下什麼呢？只能是一團慘狀囉！「今天我又沒有好好同理孩子的心情！今天我又是個沒有耐心的媽媽！」當我們看著滿臉淚痕的孩子，內心也會陷入無止盡的自責當中。可是問題在於隔天又會發生一模一樣的事件，然後自己還是一點對策都沒有。這樣真的讓人感到很絕望。真的，這種時候我們到底該怎麼做才好呢？

各位可能有在育兒書籍上看到類似這樣的方法：

1. 找出孩子哭泣的原因。

2. 去同理孩子哭泣的原因，然後安撫他。

聽起來真的是再完美不過的方法了，不是嗎？有誰能反駁這點呢？但問題是，要執行這個方法，實在是太困難了。首先第一步要找出孩子哭泣的原因，從這裡開始就超級困難啊！

找出哭泣的原因，這在新生兒身上還算是相對簡單的。要不就是大便了，要不就是肚子餓了，再不然就是想睡覺。總之大概就是這三種的其中之一。所以新生兒一哭，父母可以先把尿布打開來確認看看，或者餵個奶，然後輕拍孩子安撫他，大部分就可以解決孩子哭泣的狀況。

可是當孩子稍微再大一點之後，唉，上述的方法就只能拿來想想而已。想要知道這個階段的孩子腦袋裡在想什麼，簡直就是不可能的事。而且孩子還會因為自己比較會說話了，就覺得自己也是個大人。也就是說，他們會期待能進行「大人對大人」的思想溝通。可是孩子懂的詞彙有限，發音又不是很清楚，可能不經思考就直接把話說出來，結果當別人都聽不懂的時候，他們就會開始生氣。

我們可能也會因為孩子變得越來越會說話，就有點過度地誇獎他們。並且會期待能用對話的方式來解決問題。所以當孩子鬧脾氣大哭的時候，我們就會開始感到很疑惑。

「到底為什麼會這樣呢？是因為玩具嗎？還是因為冰淇淋呢？還是太熱才這樣的呢？還是想睡覺啊？還是想吃飯呢？」

如果第一個選項就猜對的話，那天就是成功的一天了。可是事情往往不如我們預期的那樣順利嘛！

「不是不是不是啦～～啊～～～～！」

「喂！你到底夠了沒？」（無限反覆）

運氣好的時候，大概還能推測出孩子哭鬧的原因。可能是因為他想使用喜歡的東西，也可能是想要拿著那個東西，又或者可能是發生讓他不開心的事情等諸如此類的小事。可是重點在於「好，我知道你為什麼哭了。但是你也沒必要為了這種小事情鬧成這樣嘛！」大人們對這種小事實在很難有認同感，所以就不會產生想要安撫孩子的念頭。

即使如此，奉勸各位還是要勉強收起脾氣，看看四周，心平氣和地講些同理孩子的言語。這不是為了他，而是為了我們自身的精神健康著想啊！「噢～你是因為這樣所以覺得很難過啊～」

呵呵呵，不過這樣也很容易破綻百出喔！孩子馬上就會看穿我們的真面目。「你們都不懂我啦～～」然後開始更用力地大哭了起來，哭鬧到好像聲帶都要斷掉一樣，甚至哭到快斷氣似的。完全無視於父母所做的努力。

不管我們做什麼，終究還是又讓我們陷入恐慌的狀態之中。「喂！你到底夠了沒？」（無限反覆）

我們很常使用「同理心」這個單字。但是話說回來，要能夠做到同理，其實是件很困難的事。有些時候我們連自己的心裡在想什麼都不太清楚了，更何況是別人的內心，又要如何能馬上知道呢？再加上對方是連用言語都不太能溝通的孩子，他們也只能用發脾氣的方式來表達，這是無可奈何的事情。所以要同理這樣的孩子更是難上加難。

在這樣的狀況中，我建議各位最好還是把「我能同理孩子的內心」這種期待丟掉。總之在哭鬧的當下，孩子的腦袋是著火的狀態。腦袋如果著火了能怎麼辦呢？不就是精神出問題了嗎？

所以，對於大發脾氣的孩子來說，你問他到底為什麼生氣？這是一點用都沒有的。他都已經處於一種類似精神出問題的狀態了，哪還能聽進什麼話呢？我們再怎麼絞盡腦汁對孩子說些甜言蜜語，正在哭泣的孩子是聽不進去的。

所以說啊，我們這時候就不要再對正在哭泣的孩子說好說歹了。首先要做的是幫他把腦袋中的火撲滅才對。詢問他什麼原因或者試圖同理他，又或者是要把孩子帶去外面說教，這些都是下一個階段才要進行的課題。

那麼，要不要告訴各位滅火的方法呢？

嗯……各位沒有想到答案嗎？好的。我自己為了找出這個答案，也是花了好幾年的時間。我在我家老大身上做過許多錯誤的嘗試。我很草率地安撫他之後，因為怕孩子養成愛哭的壞習慣，所以我那時就放著讓他哭到自己筋疲力盡。結果就是我讓孩子很受傷，他還是繼續哭，而且我也哭了。但經歷過這一切之後，讓人傻眼的是，答案竟然是如此簡單。而且是我早就已經知道的答案。

當我們的朋友抽抽噎噎地哭泣時，我們會怎麼做呢？

我們會握著朋友的手，摟著他們的肩膀，如此陪伴在他的身旁，等待他停止哭泣，對吧？其實這樣做就可以了。

當孩子沒來由地發脾氣時，請一言不發地擁抱他就行了。請給他一個溫暖的擁抱，直到他冷靜下來為止。如果孩子情緒還很激動，企圖把自己推開時，可以稍微鬆開手臂退後一點，然後再次擁抱他。大概這樣做三次，孩子的心情就會好轉許多。

在這種時候，各位請千萬別開口說些什麼。在這樣的過程中，就算自己再怎麼想要說些話，也請一定要忍住，把嘴巴牢牢閉上。各位只能這麼做。畢竟人們常常說錯話，不是嗎？直到孩子冷靜下來為止，只要我們自己不開口，當天晚上就能平靜安穩地入睡。

當孩子開始拉開嗓門大哭時，我們腦袋一定是會火冒三丈的。我自己也是一樣，在這種時候的精神狀態都是不太穩定的，而且衝動之下說出口的話，最後還會搞到自己很後悔。所以我們千萬別讓自己有機會陷入這種狀態。對方還是個孩子嘛！只要立刻擁抱他就行了。

小孩耍賴鬧脾氣，該怎麼處理？

父母們經常會因為孩子一直鬧脾氣而被搞得很抓狂。孩子哭得一把鼻涕一把眼淚的，瘋狂尖叫，不只如此還賴在地上不肯起來。光是用想的就頭皮發麻了，這些畫面就像走馬燈一樣，讓我想到我家小孩過往的模樣。

孩子耍賴是每個父母都很煩惱的問題。大家都在思考到底該怎麼做才好呢？抓不太到感覺嘛！所以我為各位準備了這篇文章，處理鬧脾氣的耍賴小孩的解決方法。

在我們進入問題本身之前，先來瞭解這類孩子通常會有的四個特徵。

1. 無法克制衝動
2. 語言能力下降
3. 集中力下降

4. 記憶力下降

這四個特徵都會讓父母們感到相當無力。但從另一個方面來說，如果父母們能好好利用這些特徵，就能輕易地處理孩子們鬧脾氣的舉動。我先舉個例子給大家聽聽看好了。

有天跟孩子走在路上，迎面遇上賣玩具的小攤販。我家小孩的狀況是，如果那是他不感興趣的東西，他就算經過也不會多看一眼。可是孩子一直想要去看而拉著我們走，感覺就是要纏著我們買東西給他。但我們又不想買那些他覺得有趣，但我們覺得是垃圾的東西，所以我們就跟他說：「不行！」

我們抓著孩子的手想要快步走過，但是他卻停了下來。

「不要！我真的很想要這個東西嘛～」

此時我們腦中的警鈴大作。直覺就是要趕快脫離這個現場才行。好，先深呼吸一下。畢竟要是我們自己先激動起來，整個狀況就會變得一發不可收拾了。深呼吸之後，我們試圖用沉著冷靜的語調跟孩子講道理。

1. 你已經有很多其他的玩具了。
2. 你上次才買的玩具也是玩沒幾天就丟在一邊不玩了。
3. 我們買別的東西給你好嗎？

可是即使都這樣說了，孩子的態度依然沒有改變。

「買給我～～嗚哇～～我不要回家～～～」（不管我們說什麼都不關他的事、完全想不起來，就只是一直吵著要買那個玩具。）

「……」（我們緊咬著牙，雖然有很多話想說，卻一句也不吭聲。我們就是堅決不買給他。）

之後的狀況會怎樣呢？不說也知道。孩子會開始耍賴，我們的安撫也沒用，接著孩子就躺在地上鬧脾氣。我們這時候就開始想，到底要這樣放著他不管呢還是怎樣，然後時間就這樣一直被耗掉。如果這場景是發生在家裡，那不管孩子是耍賴還是哭鬧，至少都還可以忍耐，但是現在這裡可是人來人往的大街上耶！

「嘖嘖……那個爸媽好可憐啊！」──這時幾乎都可以感覺到路人們投射過來的同情眼光。不只這樣呢！時不時還會聽到旁邊有人在七嘴八舌地給建議：「作父母的怎麼可以讓孩子哭成這樣啊～應該趕快安撫他啊！」現在是怎樣？又變成都是我的錯囉？

好的，現在讓我們擦乾眼淚，來分析這個課題吧！到底為什麼一些「相當理性且很會講道理」的父母們所做出來的對應還是會失敗呢？一起來探討看看。

通常失敗的原因有兩個。第一，孩子無法克制衝動，第二，此時孩子的語言能力開始下降。所以「不行！」這句話，本來是要用來克制孩子的衝動，這時候對孩子來說就變得沒有說服力。這方法根本行不通。

跟其他事物比起來，孩子們對父母所講的「言語」是最無法理解的。孩子們實際上的語言能力，會比外表看起來的程度還要低。孩子看似嘰哩咕嚕地很會說話，但如果以為這表示孩子能聽懂我們在說什麼，這樣就是失策了。

此外，我們所說的話其內容本身，對於說服孩子這方面並沒有什麼幫助。我們再仔細研究一下喔！

1. 你已經有很多其他的玩具了。

2. 你上次才買的玩具也是玩沒幾天就丟在一邊不玩了。

上述這兩句話都是事實沒錯。完全沒有任何虛假。但即使如此，這些話也沒辦法改變孩子的行動，結果反而還激起孩子的好勝心。

我們換位思考看看好了。請想像一下跟先生或太太出去逛賣場，兩個人邊走邊看的時候，突然出現了一個自己很喜歡的東西。

「親愛的~這個很不錯耶！對吧！」

「家裡已經有很多了。」

「可是沒有這種的啊！」（這時你心裡在想：哇~這個人這麼會反駁喔？）

「可是你上次買回來也沒在用啊！上次才買的，你好像才用兩次吧？」

「……」（他現在是要跟我吵架嗎？好啊！衝著自尊心，就是要買到手！）

對方所說的話在邏輯上其實並沒有可反駁的空間。但畢竟是家人，在情感方面是攪和在一起的，因此很容易引發一場混戰。想想看如果今天是好朋友說出這些話好了，自己的心情並不會那麼糟糕。「好吧，你這樣說真的很聰明。」可能還會產生這樣的想法吧！

不過，雖然先生或太太說的話有點掃興，但「畢竟這也是事實啦！」我們最後可能還是會打消念頭不買了。這是因為大人比較能克制衝動，也比較能切斷自己的固執。但孩子是不可能克制衝動的，所以一旦他懷有那樣的念頭，就會一直陷入在其中無法自拔。好的，那麼我們該怎麼辦呢？

各位不用因為無法跟孩子講道理而開始感到擔憂。既然孩子處於無法跟他講道理的狀態，那麼一直跟他講道理當然就不會成功囉！這時候就要利用孩子的其他兩個特徵，也就是集中力下降以及記憶力下降。

此時如果出現新的刺激，馬上就可以分散孩子的注意力，而且他會忘記在這之前曾經有過的事物，也就是說，他會忘記自己「剛剛正在做的事」。所以，如果孩子本來對A事物產生執著而耍賴，此時就要將A事物從他眼前移開，然後用最快的速度將B事物塞進來，這樣就行了。

我跟各位說明得具體一點好了。

「把拔馬麻，我想要這個東西（A事物）。」

1.首先父母要給孩子一個擁抱。

2.然後對他說「喔，這個真的好神奇喔！很有趣耶！」（然後停止三秒）

3.接著說「啊對了，你這個週末想不想去游泳池（B事物）玩啊？還是你想去其他地方玩呢？有想去的地方嗎？」然後抱著孩子移動到其他地方去，也就是離A事物所在之處很遠~很遠~的地方。

在這三個階段中，也可以使用以下類似的句子。

「啊對了，大寶（B事物）是不是說他星期天會來我們家玩啊？」

「啊對了，你是不是說今天晚餐想吃拉麵（B事物）呢？」

將孩子最喜歡的地點、人物或食物放入句子裡面來誘惑他，這是小訣竅喔！

很簡單吧？

可能有人會認為上述方法聽起來太像是臨機應變，對吧？可能會覺得是不是應該在根本上透過說服孩子來培養他講道理以及判斷的能力呢？也有人會擔心如果每次都用這種方式來應付孩子，萬一養成習慣了，以後會不會出現什麼問題？

各位會有這些想法也是理所當然的。我自己也是一樣。第一次用「言語」聽到上述的方法時，我的反應也是「咦？」。而且我那時還想：「孩子也是一個人格個體，他也是具備嚴謹的認知機能啊！所以當然能用講的來解決問題才是最棒的啊！」一直到我親眼見識到這個方法是如何瞬間發揮作用時，我就明白了，比起言語，有時候實際行動才是更好的解決之道。

事情發生在我研讀我的專攻領域時期。當時我的教授正在巡視病房，從走廊那邊傳來非常響亮的吼叫聲。我們過去一看，發現是我負責的病人坐在輪椅上，正在對醫院的工作人員發脾氣。他在罵對方跟自己說話時用詞不夠尊敬之類的。

工作人員一直反覆對他說：「我絕對沒有對您說話不尊敬！但如果您有這種感覺，那我跟您道歉。」然後好幾次跟對方鞠躬。

但即使這名工作人員不斷跟對方道歉，那位老奶奶還是一直發脾氣，坐在輪椅上不斷用手指指著他。那位老奶奶患有失智症，平時真的是一位個性相當可愛的老人家，但生氣起來卻完全無法控制。

這個場面看起來根本找不到能解決的辦法。連護理長都出來說話了：「大家都請冷靜一下，請冷靜好嗎？」但也是一點用都沒有。

此時，我的教授瞬間把老奶奶的輪椅推走，一邊推一邊說：「奶奶～您發生什麼事情這麼不高興啊？（停止三秒）原來是這樣啊！啊對了，您先生今天上午來過對嗎？他有跟您說什麼有趣的事情嗎？」順勢就把老奶奶推到其他病房去。

然後事情就此落幕。

在那之後，那位老奶奶完全沒有提到關於那個工作人員的隻字片語。

我當時真的被那魔法般的瞬間震懾住了。實在太神奇了！之後我在處理孩子耍賴鬧脾氣的危機時，那天的經驗真的拯救了我好幾次。

當我這麼說的時候，可能還是會有人說：「這個方法我知道對罹患失智症的病人是有用的，畢竟失智症患者的認知機能也無法提升，當然用這種臨機應變的方式還能處理得了啊！但是面對孩子時，是不是應該要提升到跟他講道理、說明給他聽的方式，這樣來解決問題才對呢？再怎麼說，臨機應變似乎也並非治本的解決之道吧?」

對此,答案也是非常簡單。各位有在路上看過大人吵著說要買什麼東西,然後一直在那邊耍賴、又哭又鬧的嗎?沒看過吧?

如果孩子的腦部機能變得成熟,他自然會瞭解情況而不再耍賴鬧脾氣。所以我們只要等待那一天的到來就可以了。「他現在總算稍微聽得懂了啊!」這樣的日子會來臨的。想要跟他講道理,透過說服他來解決問題,只要等到那一天來臨,這一切就都可行了。

所以不要擔心,舒舒服服地養育孩子也是沒關係的。

「為什麼我都已經照著育兒書籍上寫的來執行了,卻還是不順利呢?是我的孩子比較特殊嗎?還是我能力不夠呢?」請各位忘掉這些曾經感到挫折的日子,一起輕輕鬆鬆地前進吧!

孩子動作慢也沒關係！輕鬆減少碎碎念的絕佳方法

我想這狀況應該不管在哪個家都是一樣的：孩子的動作總是慢～吞～吞～

如果一大早就這個樣子，真的會讓人抓狂。再晚五分鐘就要遲到了，可是孩子光是穿一隻襪子就要五分鐘！不然就是已經跟他說了好幾次去刷牙，他耳朵卻好像塞住一樣，一動也不動。

結果最後大人不得不開始用吼的了。

「你到底有沒有聽到我說的話！我都已經講好幾次了，你卻到現在都還沒動作！一大早就這樣是在搞什麼啊！你乾脆不要去上課了啦，不要去了啦！看你想幹嘛就幹嘛啊！」（大人嘴巴上雖是這麼說，但還是會擔心萬一他真的想幹嘛就幹嘛，會鬧出大事，所以到頭來還是得連哄帶騙地讓孩子就範。）

每天早上我們的家就宛如戰場一般。要是孩子在此時開始鬧脾氣、跟你對槓，那麼現場就會變得一團混亂。有些時候就只能讓孩子先穿著衛生衣、讓他手上拎著襪子，外面只套件外套，就以這副德行送他去上幼兒園。

好吧。孩子可能是因為不想去幼兒園或不想去上學才這樣的吧！那為什麼連出去玩的日子也都發生一模一樣的事情咧？我實在搞不懂。從準備要踏出玄關那一步之前，就已經把人搞得筋疲力盡了。事情可能就發生在大人要求孩子換個衣服時，孩子卻突然說他想要怎樣怎樣。

「啊，媽媽，我先去喝個水。」

「我想要先弄一下這個。」

還有些時候，孩子褲子沒穿好，直接讓褲子卡在腳踝那邊，然後就以這副模樣跟他的哥哥講話。要是不提醒他，他可能會維持這個狀態十分鐘吧！

就連睡前也都沒有要放過我們的意思。

「去洗澡，去換衣服。你刷牙了嗎？」

「嗯～啊！等一下等一下～」（你這一招十分鐘前就已經用過了噢！）

「不是啦～可是我～」（什麼不是啦？每次都說不是啦，拜託。）

從晚上九點開始，大人就得一直碎碎念，才能好不容易在十點結束這一切。

如果那一天已經很疲憊了，最後還是只能這樣收場：「喂！拜託！現在、立刻，給我乖乖去睡覺！」後來呢？各位應該都很清楚了。最後大人又會躺在床上開始度過自我反省的時間。

孩子不都是成天跑來跑去的嘛！所以動作慢這件事真的讓人感到很納悶。明明平常行動比大人還快速，為什麼每每在重要的瞬間就會變成超級大樹懶呢？

我自己對這點是真的相當煩惱，因為這會讓我在一天的早、中、晚照三餐發脾氣啊！都快把我搞瘋了。為了趕快解決這件事，我帶著焦躁、急切的心情努力尋找答案，而在這過程中，我體悟到孩子們的兩種特徵。

1. 散漫到令人厭惡。
2. 一旦陷入某些東西，就無法自拔。

如果大人說「去刷牙！」，他們就會回說「喔。」可是過了十分鐘，卻還是一點動靜都沒有，過去一看，才發現他在你房間裡。他可能本來是要去洗手間刷牙的，但看到你房門打開著，所以就直接進去了。然後這孩子在幹嘛呢？正在看著自己幼兒園的畢業紀念冊。刷牙呢？當然是還沒開始啦！

於是大人就跟他說：「你在做什麼啊？不是應該去刷牙嗎？」「啊，對喔！」孩子這樣回答之後，就起身去洗手間了。接下來大人應該就可以先放著不管了吧？然後又過了五分鐘，孩子卻還沒出來。走進去看看，結果發現他在對著鏡子擺出各種鬼臉。簡直散漫到讓人不忍直視。

而且有時候孩子一旦對什麼東西著迷，即使在他旁邊丟炸彈，他也渾然不知，完全沉浸在自己的世界裡。父母最後當然是大爆炸了。

「我已經叫你去換衣服了！到底要我講幾次！」

「什麼時候說的？我沒聽到耶！把拔馬麻你們幹嘛每次都這麼火大啊？」

（好，對，全都是我的錯。那這樣我何必對你發火？反正你都聽不進去。）

要讓動作慢吞吞的孩子加快速度，光是優雅地跟他說，是很難成功的。因為孩子們在執行大人交代的任務途中，會老是分心去做些其他的事情，所以我們不得不一直跟在他身後碎念個不停。一大早就已經忙得要死，難道還能把話說得多優雅好聽嗎？再加上孩子們根本都沒在聽。

如果想讓事情快速地進行，就請抓著孩子的手，帶著他一起行動。此時的祕訣就是：要像對好朋友伸手那樣，跟孩子一起去做。千萬別因為心情很鬱悶就用力去抓住他的手腕！

「小花～現在我們一起去洗手間吧！要不要把拔馬麻陪你一起去呢？」

像這樣，在輕鬆活潑的氣氛下開始進行。一到洗手間之後，就要立刻把牙刷放在他手上。無論如何都要趕快切斷他可能會對其他事物分心的危機。然後刷完牙之後，就要立刻拿著衣服準備幫他穿上，並直接幫他穿上襪子。我們如果跟著孩子一起動作，耗費的時間就會縮短很多，刷牙換衣服整個做下來不用六分鐘。

有人覺得這做法沒什麼特別的嗎？覺得好像在教寵物一樣嗎？這樣會不會太過為孩子著想了啊？這樣會不會阻礙孩子自主學習的機會呢？

各位是可以這樣想沒錯，因為我自己曾經也這樣想過，尤其當我家老大還很小的那個時候。但養育孩子一段時間之後，我發現其實只要等待孩子再大一點就行了，何必在孩子還小的時候就把自己搞得那麼累呢？

我後來會這樣想的原因在於：幼小的孩子本來就很散漫，因為他們可以一直專注的能力還不發達的緣故。正常來說，孩子專注力的發展大概要到滿八至十歲左右，才會有顯著的提升。所以，專注力的問題必須要等到腦部成長之後才能解決。所謂「時間就是最好的答案」。

接下來的故事，是發生在我家老二國小一年級的時候，那天我去學校參與課程觀摩。哇～我的天，孩子們在學校居然也跟在家一樣行動緩慢耶！根本就像是在進行一場「看誰最散漫」的比賽。自此之後我真的非常尊敬老師。

那天隨堂觀摩結束之後，我就走上樓去到三年級的教室。一看真的是驚為天人！孩子們怎麼能如此穩重端莊啊？在參觀小短劇的時間裡，孩子們彼此說著：「欸，現在輪到我們出去了！」然後就自動排成一整排隊伍、乖乖站好，等待出場的時間。當時根本沒有人命令他們要那麼做，時間果真是最大的力量啊！

所以當孩子還很小的時候，請不要多費唇舌，而是幫助孩子的身軀動起來完成任務就可以了。等他們長大之後，即使只是稍微講個幾句，他們也會明白而去行動。在那之前我們適當地從旁協助也沒關係的！

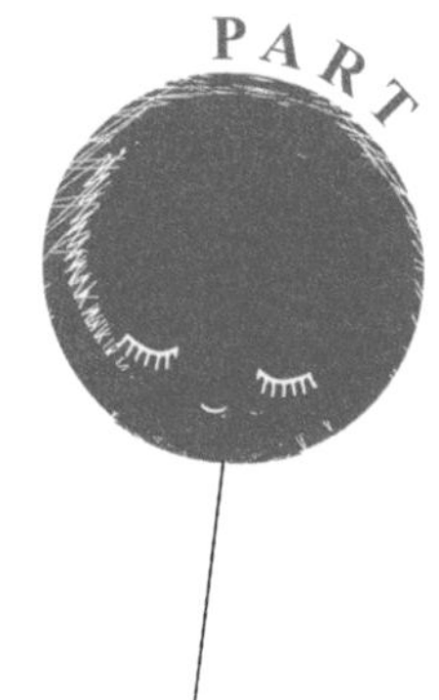

PART 4

以佛系育兒改變自己——
除了一百分爸媽之外，還有其他讓自己快樂的選擇！

總是在發脾氣後愧疚？休息就是輕鬆控制怒火的好方法

各位此刻是否正感到絕望呢？看著睡著的孩子，是否忍不住紅了眼框呢？今天是否又沒忍住怒氣而對孩子大吼了呢？是否曾經反覆地質問過自己「看來我真的不夠資格當個好媽媽……」呢？

作為父母的各位想必都曾經有過這些感受：覺得自己好像快變成瘋子了；陷入因為無法好好控制自己的情緒而帶給孩子傷害的自責中；每次在後悔之後就下定決心不要再這樣，然後很怕自己隔天又再次變身成吼叫怪物。

你問我怎麼瞭解得這麼清楚嗎？

因為我也曾經無數次如此感受過。

各位該不會認為精神科醫師都不會對孩子發火吧？怎麼可能不發脾氣呢？養育孩子多辛苦啊！覺得辛苦難耐時，任何人都有可能發脾氣啊！

我自己也是一樣。「原來我也會像個瘋婆子一樣發火」，這是我在養育孩子之後才察覺到的事情。我在結婚前雖然也會對家人嘀嘀咕咕地抱怨，但可從來沒有在外面對誰說過什麼難聽的話。就算是兩天才能好好吃到一頓飯的醫院實習期間，我也都沒有發過脾氣。有句玩笑話說「實習醫生跟醫院地板的距離還不到一片口香糖」，在當實習醫生的期間是真的身心俱疲。但是哇嗚！養小孩竟然比那個時期還要辛苦啊！

啊，現在回想起來，養小孩跟在急診室實習的狀況還滿類似的呢！幾乎沒有可以好好吃頓飯的時間，整整十二個小時都要一直忙碌奔波，有的時候甚至是連續二十四小時都無法休息。每天都很想逃走啊！

但再怎麼說，實習畢竟還可以交班輪替。就算很辛苦，但只要撐過一年，就可以滿懷希望地好好睡覺了。但是養小孩卻是必須持續不斷地照顧，所以真的讓人覺得累到快死掉。怒氣一天天累積、睡眠不足、腰酸到好像快斷掉，要是不理孩子，他又會哭，可是家裡只有我一個人……

終於有一天真的出事了。

我到現在依然想不起來那天為什麼會這麼暴怒。真的是情非得已，因為其實孩子並沒有犯什麼罪，都是我自己在發火而已。

那是在我家老大四歲、老二兩歲的時候發生的事。雖然是週末假期，但那天我先生還是得上班，所以他一大早就出門了，大概要到下午三四點才會回家。我那時整個人疲憊到不行，加上一直聽到玩具飛機發出噗嚕嚕的聲響，那個聲音完全讓我快要抓狂。

雖然聽起來很像是我在為自己辯護，但我當時真的覺得很想哭。我這樣該怎麼照顧孩子，坦白說我真的不知道，這讓我感到非常恐懼；身旁也沒有任何可以依靠的人，所以我覺得非常非常孤單。

「你們夠了。」

「啊，真的夠了！」

「媽媽覺得好累……」

可是才三四歲的孩子哪能聽懂我的話呢？他們還是一直按著玩具按鈕。

「叭叭叭叭～叭叭叭叭～我們是好朋友～！」

「叭叭叭叭～叭叭叭叭～我們是好朋友～！」

叭叭叭叭～叭叭叭叭……我最後終於發瘋了。我一把搶過他們的玩具飛機，然後用力往地上摔。我使出的力道之大，連玩具飛機的機翼都摔斷了。

孩子們完全嚇呆了。如今雖然事隔七年，但我回想起這件事都還是會流淚。

我之所以把難堪的過往拿出來跟大家分享，並不是為了取得各位的共鳴，也不是為了安慰已經被愧疚感苦苦折磨的各位。我會跟各位分享我的經歷，真正的原因是因為我在思考接下來該怎麼說比較好。我真心希望能幫助大家，所以想請大家相信我的經驗並試試看使用我的方法吧！我很想傳達這樣的心情。

我等一下馬上就會跟各位分享能消除內心怒火的明確方法。這些方法各位都可以立刻嘗試看看。但首先我們要刪掉那些沒什麼用的方法。各位可能都有在教人克服育兒壓力的書籍中看過這些方法吧！

1. 冥想
2. 撥出專屬於自己的時間
3. 培養興趣

這些方法都很好。我相信都會有些效果。但問題是，這些方法對於像我這種體力超差的普通人來說是行不通的。我連睡覺的時間都不夠了，要怎麼另外再撥出時間來執行這些呢？我覺得能做到的人根本是有超能力耶！甚至還有人可以在孩子睡著之後，凌晨四點再爬起來寫文章。哈哈哈，我就先跳過囉！

4. 找出自己以前曾經生氣的原因
5. 擁抱那位受傷的小時候的自己
6. 跟自己的父母彼此和解

按照個人狀況，當然這些方法或許能根本性地治療自己。但要到何時才能治療完成呢？幾個月後嗎？如果需要花上好幾年的時間，該怎麼辦呢？萬一終究還是無法克服自己內在的創傷，又該怎麼辦呢？

我們現在就像在戰場上拿著盾牌躲避槍林彈雨一樣。無論如何，在這夾縫當中我們應該要先打起精神來擋住子彈才行。「讓我內心受傷的根源是什麼呢？」現在並不是讓各位優雅地煩惱這種問題的時候。因為再一分鐘後，孩子就會過來煩你然後開始哭鬧；因為再三十分鐘後，你就要開始準備晚餐了。

此外，小時候的創傷跟我們現在無法忍住怒氣，這兩件事到底有多大的關聯呢？我並不是很明白耶！假如是跟兒時和父母的親密關係有關，那為什麼我這種三十年來都算是很會忍耐的人，會突然間對自己的孩子大發脾氣呢？

我見過的一些父母們平常脾氣也很和善，但唯獨無法對自己的子女忍住怒氣，那麼這代表這些父母全都是在小時候有過什麼創傷囉？就拿我的例子來說好了，雖然我跟我的母親並沒有那種很熱情的互動關係，我也沒有因此而受到什麼巨大的心理創傷。即使如此，這樣的我還是對我的孩子發脾氣了。

我是這樣想的：人本來就不太會忍耐，一旦覺得累，要忍耐就會更困難，所以才會常常發脾氣。要忍耐可是得耗費掉相當多的能量哩！

這樣說起來，現在我們該做的事情是什麼立刻就變得非常明確了。請各位補充體力，這麼一來，無論面對怎樣的刺激，都能夠游刃有餘地應對。請好好休息，好好吃東西，將那些會把氣力耗盡的原因移除掉。

休息，就是能阻絕各位發火的最強大武器。

好好睡一覺絕對是良醫補藥，只要戒掉三件事就能辦到！

「就連芝麻綠豆大的小事也能讓我的煩躁飆升！」「我真的筋疲力盡了。」「我好想逃走。」如果猛然感受到這樣的感覺時，請先無條件地好好睡一覺。

各位已經有多久沒有好好睡覺了呢？早上醒來眼睛睜開時神清氣爽的感覺是什麼，各位還記得嗎？

我們其實都很清楚這個事實：睡眠對於精神健康來說是相當重要的一部分。如果沒有好好睡覺，隔天專注力就會下降，判斷力會變得模糊不清，想必各位也都親身經歷過。到這裡還沒完喔！如果沒睡飽，真的會引發嚴重的精神問題。人會變得憂鬱、不安、敏感、焦躁，還會變得有攻擊性。相反地，如果有好好睡覺，這些問題自然而然地就能解決了。

我在專攻精神科的第一年，從我的第一位指導教授身上學到一件事。「要好好吃，要好好睡。如果很餓或很疲倦，就不要跟病人會診。要不然你就會對病人發脾氣。」

自己必須要先吃好睡飽不疲憊才行。大部分的人都必須先這麼做，才能控制好脾氣。所以請好好享用每一餐，而且一有空檔就休息。

「哪有人是因為不想睡才不睡的啊？請給我睡覺的時間啊！」有這種想法的人，請先縮短做三件事的時間，那就是追劇、滑手機以及喝酒。

我們一一來檢視看看吧！

連續劇多好看啊！因為太好看了，所以如果一次只看一集，不知道怎麼的就會覺得很可惜啊！因此，我們要不就是繼續再看下一集，要不就是打開手機跟一同追劇的朋友們一起討論劇情。這樣到後來一天就會花掉兩個小時沉溺在連續劇裡，睡覺時間也就會少掉兩個小時。

滑手機，這個就更不用提了。只要有了手機，要人凌晨三點還醒著都沒問題啊！再怎麼累的人，只要把手機打開，疲倦感就都消失了耶！而且手機的強烈光線，還會使能幫助睡眠、只會在黑暗的地方製造出來的褪黑激素減少分泌。

但是看到某些新聞標題和文章時，我們就是會好奇得不得了。標題即使令人覺得很吐血，但記者還是有辦法讓人想點進去看，簡直就是魔術大師。還有些新聞標題會寫得很聳動，例如，孩子剛滿三個月的年輕爸爸被車輾斃；全家人自殺身亡；精神病患無理由殺死善良市民等等。然後讀者就像看了恐怖電影一樣瞬間睡意全無，此時壓力荷爾蒙也會不斷分泌出來，這樣難道還能睡個安穩的覺嗎？

至於酒，真的像是有雙重人格的朋友。「喝酒有助於促進睡意。」各位曾經聽過這個說法，對吧？所以有很多人睡不著的時候就會喝杯酒。但是，酒也會妨礙人進入熟睡狀態。喝酒後的隔天早上感到疲憊，就是這個原因。

根據一項睡眠研究顯示，喝酒的人進入睡眠所要花的時間比平時更短，意思就是馬上就能睡著了。而且在睡著之後的三到四個小時內，可以睡得很沉。但這就是人們上當的地方。一旦超過睡眠中期，喝酒的人的淺眠期間就會比平時更長，而且會經常醒來。因此最後身體沒辦法完全恢復元氣，只能以疲憊的狀態迎接隔天早晨。此外，酒還有利尿作用，睡到一半必須起床上廁所，這樣的睡眠品質當然不會很好。

如果為了能快速入睡而經常性飲酒，還會造成腦部的酒精中毒，也就是說，會出現對酒精上癮的現象。當人對酒精上癮時很容易手抖，而另一個最常見的症狀就是失眠。這樣的人一旦沒有喝酒就無法入睡，而陷入在這個狀態中的人，其實比我們想像的還要多。

除此之外，喝酒之後會變得具有攻擊性，這種人也很常見。而且他們並非只在喝醉的時候才會如此。酒精中毒的人即使在神智清醒的狀態下，也會經常發脾氣，這是因為酒會消耗掉人的精力。就像我前面提過的，如果人的精力不足，他就很容易發脾氣。

我暫且說到這個程度就好。上述提到的三件事情，只要能減少做其中一件的時間，能睡覺的時間就會大幅增加。至少可以增加兩個小時喔。很簡單吧？

在這裡先等一下，想必一定會有人說：「要戒掉追劇、滑手機和喝酒，這哪有那麼容易啊？很難做到耶！」嗯……這個嘛，難道對我來說就很容易嗎？容易到我至少還要嘗試戒掉五十次以上，未來可能還要試著戒掉數百次呢！就像每天重新開始減肥計畫一樣，只要每天試著去戒掉就行了。

「很好啊！可是這些東西都戒掉之後，我的人生還有什麼樂趣可言？」一可能會有人想這樣問吧？當然沒錯，我能理解各位的心情。但就算這樣，又有什麼辦法呢？畢竟現在人生的最優先順位並不是這些東西嘛！

我想用以下的話稍微安慰一下各位遺憾的心情。當我們年紀超過五十歲時，該做的事情就不會跟現在一樣多了，所以到了那個時候再來快樂地追劇就好啦！而且上了年紀之後就會變得不太想睡覺，就算想要入睡也不容易呢！所以那時就可以徹夜玩樂啦！

睡個香甜的覺是我們還年輕時的特權。請現在盡情地享受這個特權吧！

不被瘦身的挫折感擊垮，只有自己才會一直在意自己的身材！

媽媽們生產後最常花心思的項目之一，應該就是「身材」了。小腹上的贅肉、手臂的掰掰肉、屁股和大腿的贅肉、肥厚的背部，甚至連雙下巴都找上門！儘管再怎麼自我洗腦「我愛我的身體！」但映入眼簾中的現實就是令人厭惡，這也是無可奈何的事情啊！

然而，這個世界上怎麼會有那麼多童顏辣媽呢？什麼生產後才花三個月就恢復到原本曼妙的身材，這簡直就是超能力。那些明星、演藝人員就不說了，可是連路上很常見的那種鄰家媽媽們也全都很苗條耶！這樣看下來，不能只有自己落後嘛！所以就會有媽媽在生產後，每一天都找體重機報到。

可是要一邊養育小孩一邊瘦身，這根本就是強人所難。照顧小孩就已經讓人筋疲力盡到快昏厥了，別提還有多少精力去做什麼運動啦！吃個飯也常常是站著快速扒完，哪裡還有空去健身房呢？

以現實狀況來看，如果想要恢復身材，好像除了少吃也沒別的方法了。可是連少吃一點也都很難做到啊！累的時候要吃；精神崩潰的時候也要吃；為了不浪費，也要把孩子吃剩的食物吃光光。做媽媽的要減肥真的好困難喔！

不只是這樣，因為照顧小孩也需要力氣，所以如果少吃，真的會一點力氣都沒有耶！餓著肚子照顧小孩，這根本是不可能的事情嘛！而且如此一來，心情反而會更煩，更想發脾氣。

心裡實在很不是滋味，對吧？每當看著鏡子中的自己，不知怎麼的就有一股莫名的哀傷。我相當瞭解那樣的心情。因為我自己也曾經勉強地擠出時間來運動，也曾經調整過飲食，什麼努力我都嘗試過了。

但自己就只有一副身軀，要怎麼同時養育孩子又同時減肥呢？我很想知道到底該怎麼做，才能讓這兩方面都成功。其實要讓體重下降，真的需要相當龐大的努力耶！要獨自一個人進行減肥計畫，這是多麼困難的一件事啊！

畢竟我們無法減少為了養育孩子而付出的努力，所以就只好減少對體重的在意程度了。說真的，體重也不會因為我們有多在意就快速下降。在家自主訓練一個小時到快要陣亡，結果少了幾公斤呢？我們沒有因為肚子餓而多吃幾口，光是做到這樣就要偷笑了。

而且再怎麼說，其實我們在日常中已經運動充分了耶！陪孩子玩耍啦、做家事啦，真的是很努力地在動來動去呢！而且因為得經常把十五公斤、二十公斤重的孩子抱起來移動的關係，那個練出來的肌肉力氣真不是蓋的，如果發生什麼事，搞不好還能抱著孩子跑百米。

所以現在，各位就請好好吃飯吧！有空檔就請好好休息。至於減肥，等到孩子長大一點之後再來悄悄進行就可以了。「我實在太無聊啦！我會不會太懶惰了啊？」等到開始產生這樣的念頭時再來減肥，那就是最好的時機。

「話是這麼說，但我想要趁早開始管理自己。」如果有人是這樣想的，那麼就要好好管理飲食，首先就是減少碳水化合物的攝取。不過也有很多人會說「如果不吃碳水化合物，那叫我到底要吃什麼啊？」只要把米飯從三餐中抽掉就可以了喔！其實光是忍住不喝飲料和不吃甜點，就不太會變胖了。其他的食物則是可以多吃一點。

說真的，會在意自己身材的人，除了自己以外也沒有別人了。自己是胖了還是瘦了三公斤，別人根本不知道啊！所以只要自己不給自己過多壓力就行了。自己要先沒有壓力，才不會一直想要吃甜的，也才不會暴飲暴食。這麼一來，即使不花心思照顧，也能做到體重管理。

從今天開始，請不要動不動就站上體重機。請不要讓一天的開始就被失望和挫折感塞爆。穿個深色的衣服，就會立刻少五公斤，不要忘記囉！

一旦生病了，就算擁有孩子或世上一切也都沒用！

自從生孩子之後，我覺得身體好像整組都要壞掉了。我好像在這幾年裡把一輩子可以吃的止痛藥劑量全都吃掉了。只要稍微出點力，不是脖子扭到，就是腰閃到，現在連咳個嗽都無法隨心所欲地暢快進行。不知道各位的狀況是如何呢？腰痛不痛？肩膀呢？會不會常常頸部酸痛呢？

嗯，全身筋骨沒有一處不酸痛的。但是各位是否有去看醫生尋求治療呢？還是覺得反正我就是個生過孩子的媽，會這樣也是沒辦法的事？

因為生過孩子，所以就覺得關節痛是理所當然的，然後就隱忍；親餵母乳時脖子酸痛、手腕酸痛，也都覺得大家都是這樣，然後就隱忍；把很重的孩子抱上抱下時閃到腰，只是想說「又閃到了啊！」然後就隱忍。這樣搞到後來，「疼痛」這件事竟然似乎變成自己的好朋友一樣，如影隨形。

可能有人會覺得這些現象應該都是沒睡好導致的吧？是因為肩膀痛，所以手臂才舉不起來的吧？「喔喔，我也是這樣欸！唉呦，反正過了三十歲本來就是會全身酸痛嘛！」會有人這樣想然後就不理它了。

我們真的很容易對疼痛置之不理。然而，疼痛真的會影響生活品質以及我們對生活的滿意度，它扮演了相當關鍵的角色。因為一旦感到疼痛，身體就會不太好使。為了能繼續生活，人在很多時候必須忍著疼痛，覺也睡不好，而且在睡覺的時候還會因為壓迫到疼痛的部位而痛到醒過來。

換句話說，一旦出現疼痛的情形，身體一整天都會處在承受壓力的狀態。這樣下去會如何呢？人會變得敏感易怒，對什麼事情都不耐煩。請想像一下，如果孩子在你這樣的狀態中靠近你，會怎麼樣呢？真的很難對孩子笑出來吧。

養育孩子的每個家庭，每個瞬間都是戰場。因此，趕快治療好疼痛的症狀，這可是比任何事情都更加重要。畢竟我們沒有那種閒情逸致可以允許自己疼痛啊！在這裡我幫各位準備好了能在最短時間內舒緩身體疼痛的方法。

第一，藥物的效果是最快的。大約三十分鐘過後就能見效。請各位在家裡常備消炎止痛的藥劑，這樣一旦痛起來就能馬上使用。

第二，使用按摩球。它可以幫助舒緩沾黏在一起的肌肉。按摩球是大約拳頭大小、硬硬的橡皮球，上網查詢就很容易能找到。當肩頸酸痛的時候，可以把球放在地板上，用身體壓著球去刺激疼痛的部位，這樣就能舒緩痛感。

各位有聽過「肌筋膜疼痛症候群」一詞嗎？症狀主要是後腦會持續感到疼痛，而且往往會伴隨著肩膀酸痛，是造成頸部酸痛的最常見原因。這個病症是我的老毛病了，或許各位當中也有人是這樣吧？長時間維持同一個姿勢做事，或者太頻繁使用某部位的肌肉時，就會引發這些症狀。

有類似病症的人，如果按壓頸部或肩膀周圍的部位，有些地方摸起來就會硬硬的，而且按起來非常痛。這些部位就是所謂的「激痛點（Trigger Point）」。簡單來說，這些點是肌肉緊繃、結塊的位置。如果有這些症狀，可以同時服用止痛藥，加上按摩激痛點，這樣大部分的症狀就會改善許多。

如果是痛到完全無法動，而且吃藥也無法解決的時候，希望各位要立刻去醫院治療。就算只是去醫院治療一次，症狀也能大幅改善。根本不需要一直忍耐。

接下來我要告訴各位的是預防方法。大部分的疼痛症狀都是因為肌肉沾黏而引起的，所以平常要多增加肌肉量，也要適時放鬆肌肉，就能預防這些疼痛的症狀。請各位也要多做脖子、肩膀、腰部的伸展動作，一天只要三分鐘就可以了。

雖然話是這樣說，但我也很清楚在繁忙的日常生活中，連這三分鐘也很容易忘記。再怎麼小心謹慎，也還是會一直發生讓自己受傷的狀況。稍微用力一點，身體也可能馬上出問題。

即使如此，請各位還是別放棄。畢竟如果我們生病了，就算擁有孩子、先生、世上一切，也都沒用了。自己的身體應該由自己來愛護。

請像在照顧孩子一樣，好好照顧自己的身體。

各位今天也辛苦了。

憂鬱並不可恥也不罕見，無須煩惱要不要看診吃藥！

人們對於去看身心科（精神科）門診這件事，往往會感到困難重重。雖說現在社會對於身心科（精神科）的接受度已逐漸提升，但很多人內心總是會有些疙瘩，更何況還要吃藥耶！光是用想的就覺得很抗拒。

那麼假如今天是一名精神科醫師感到很憂鬱，覺得撫養小孩很有負擔，又無法克制怒火的時候，他們會求助於藥物的幫助嗎？

這個嘛，老實說我自己也沒辦法很快就這麼做。就算我曾經覺得自己長時間處於地獄一般的環境中，我也沒有立刻選擇用藥物來解決問題。即使是當我對孩子發火、像個瘋子似地大吼大叫的日子裡，我也只是流淚以對，無法鼓起勇氣。

「當媽媽當成這樣，乾脆不要當算了。我好想現在就放棄。我無法再忍下去了。我好像是個只會帶給人傷害的存在。」我曾經被這樣的想法一直糾纏著，因為實在走投無路，所以最後我開始服用藥物。

服藥之後，我真的是非常後悔怎麼不早點吃藥。我開始納悶那段日子為什麼要平白給全家人帶來那麼多痛苦。抗憂鬱症的藥對調節憤怒情緒有非常明確又快速的效果，它可以安撫敏感的神經，甚至改變我看世界的角度。吃藥之前，孩子的存在讓我感到相當有負擔，但吃藥之後，孩子看起來真的好可愛。我覺得整個世界都變得不一樣了。

不過即使我都這麼說了，很多人可能還是會莫名地對於吃藥感到不情願吧？我之前也是這樣，總覺得如果真的吃了藥，就好像輸給了這個世界一樣。「我有嚴重到需要吃藥的程度嗎？我還是都有正常上下班啊！我到底還要打起多少精神才夠啊？」會因為這樣思考而猶豫不決。

即使吃了藥，有時候也還是會忽然感到傷心難過。「如果我獨自一個人生活，就不會有這一切令人辛苦的事情，可以好好過日子。我到底為什麼要讓自己處於必須吃藥才能照顧家人的地步呢？」

可是能怎麼辦呢？遇到這種時候，不管是誰，尤其是為人父母的我們，更是要打起精神來嘛！父母就是家庭的中心，如果我們發脾氣，整個家的氣氛簡直就是如履薄冰。所以，能得到確實又有效的方法，這是多麼值得慶幸的一件事呢？

「看精神科好可怕！」「我難道一定要吃藥嗎？」各位是否因為這些原因而躊躇不前呢？好的，我很瞭解各位在擔心的是什麼。那麼從現在開始，我就照實把身心科（精神科）治療的環節告訴各位吧！

實際去一趟會發現，身心科（精神科）跟其他門診沒什麼不一樣的地方。所以各位不需要對於去看診覺得有負擔。如果超過半個月以上一直感覺憂鬱、意興闌珊、對什麼事情都興趣缺缺、煩躁不安、食慾暴增或降低、感到疲倦、無法集中精神、甚至想死等等，如果有這些症狀的話，就可以判斷出是憂鬱症，不需要多說什麼。

各位也請別擔心，不用煩惱自己的症狀會不會太特殊、見不得人。坐在你面前的精神科醫師，光是那一天就得聽進數十個跟你一樣的故事。因為大家所度過的生活其實都是很類似的。

也無須對服用藥物感到擔憂。那是為了讓自己過得比現在更好所做的事情。如果吃藥之後的副作用會很嚴重，那幹嘛吃藥呢？如果藥物會讓人一整天變得很呆滯、像個笨蛋一樣的話，那還不如不吃藥啊！如果吃憂鬱症的藥物還需要讓人忍受這種副作用，那就不是很先進的藥物啦！萬一真的吃藥之後，對副作用感到不舒服，那麼就跟主治醫師討論，調整一下處方的內容就可以了。

各位也不要覺得這樣就是依賴藥物。憂鬱症並非因為缺乏意志而產生的病症，只是因為腦部缺少了血清素、多巴胺，以及正腎上腺素才會這樣。所以應該要適度補充這些激素。各位就想成是在補充維他命吧！只要健康好轉了，那麼就可以在跟主治醫師商量後逐漸停藥。我真的推薦有需求的人採用藥物治療的方法。只要吃對藥，馬上就能好轉許多，所以沒有什麼理由好拖延的。

我說明到這樣的程度，各位是否有減少一些對身心科（精神科）的恐懼呢？也許還是有人感到猶豫不決，但還請聽我奉勸一句：如果感到辛苦時，請一定要去看身心科（精神科）。

在萬般煩惱到底要不要去的時候，就請勇敢跨出那一步吧！請不要再因為對孩子、家人發脾氣而自責、流淚。

希望各位能為了孩子、為了自己而鼓起勇氣。

孩子、公司、家庭……職業婦女請不要一直說抱歉！

明明已經用盡全力，卻還總是感到很抱歉的就是養育孩子這件事。可能全世界的媽媽們都被這種罪惡感牢牢籠罩著吧！那如果說每個早上都要甩開孩子去上班呢？喔呦，那這個媽媽豈不是天下大罪人了！

每天早上起來後，大概都要催促孩子盥洗，然後幫孩子準備上學要穿的衣物、要帶的東西吧？深怕孩子會遲到，今天也為此感到焦急不已，所以從一天的開始就變身成碎念嘮叨鬼。打開孩子的衣櫃，卻發現可以穿出門的衣服一件都沒有，要不就是太小，要不就是已經變得皺巴巴或有磨損，根本不能看。上個禮拜就應該去買新衣服，但是又忘記了。因為自己必須去上班，所以總覺得自己好像沒怎麼花心思在孩子身上，而對孩子感到很抱歉。

公司要聚餐，可是晚上沒人能幫忙照顧孩子，所以只好對公司說聲抱歉，表達自己無法出席的緣由。說真的，到底為什麼要對吃飯喝酒的場合缺席而說抱歉，自己實在也搞不清楚，但反正先說抱歉再說。明明已經到了下班時間沒錯，但是離開公司的時候，卻對還在工作的同事們感到很抱歉。

回到家之後，孩子朝著自己跑了過來。可愛是可愛，但是自己也很想休息一下耶！但本來能跟孩子相處的時間就不多了，無論如何，也只好積極地陪孩子玩。孩子要跟著這樣的媽媽長大，真的對他感到很抱歉。

周圍的長輩們還會說：「媽媽給孩子的愛不夠，這該怎麼辦啊？」他們每次看到時都會說出這種話，然後說我家小孩好可憐。啊！他們連一點忙都沒幫上，還說這種話喔？「缺乏愛的孩子」這句話就像一把刀插進媽媽的心裡。

明明自己已經用盡全力在生活了，但越是這樣，感到抱歉的日子卻只是日積月累地增加。對家裡也感到抱歉，對公司也感到抱歉，不得不想：我的存在本身是不是就是一直在說抱歉呢？現在這是什麼情形？

但話說回來，孩子的爸爸也沒有因為去上班工作而感到很自責啊！

「唉呦，爸爸還要去上班，小孩好可憐喔！爸爸應該要照顧小孩啊！」有聽過人家這樣說的嗎？出去賺錢回家後，在家連一根手指都不動的爸爸們也是滿多的耶！那麼憑甚麼在外面要工作，回到家還要張羅家務事跟帶孩子的全職媽媽們要對家人感到抱歉呢？

說白一點，其實哪有人去上班只是為了實現自我的呢？會去上班的最大理由，不就是為了「賺錢」嗎？為什麼要賺這個錢呢？不就是為了提供孩子吃穿住以及教育所需的費用嗎？

請不要理會那些說你為了多賺幾個錢而丟棄孩子出去工作的旁人眼光。因為你知道事實上並非如此。丟什麼丟？我要是沒有小孩，難道還需要這樣努力工作嗎？母愛的表現是非常多樣化的，親自照顧孩子是一種，出去賺錢討生活也是一種，不可以斷然地說哪一種母愛就比較崇高正確。

絕對不需要因為你是什麼樣的母親而感到抱歉。因為，你已經為了孩子而用盡全力。

現在覺得不太幸福也沒關係！育兒時光本來就不夢幻

有人說養育孩子的過程就是世界上最幸福的事情了。

許多長輩們也都說，孩子還小的時候，自己每天都像照表操課一樣生活，對此實在覺得很後悔，日子過去之後才發現，那時期才是最美好的時光，還說那段日子很短暫，所以應該好好享受才對。

各位聽完之後覺得怎麼樣呢？各位真的有在享受這樣的生活嗎？

我自己在生完孩子後，大約十年當中都一直有全職工作。因為回到家都已經超過晚上七點，所以一天當中最多也只有兩到三小時能跟孩子相處。說是有三小時，但是扣除吃晚餐、盥洗換衣服之類的時間之後，也只剩下一個小時左右能陪孩子玩。不過，到那個時候自己幾乎是呈現一個軟爛的狀態。

孩子開開心心地跑過來的時候，老實說我並沒有很開心啊！「因為時間很少，所以我應該更全力以赴地陪他玩！」即使已經這樣下定決心，但我的眼皮還是不由自主地閉上了。我陪伴孩子的時間不管在質或量的方面全都是一團糟啊！

這樣的情況若只是一兩天倒還可以，但是我在孩子一歲的時候是如此，兩歲的時候依然如此，到了他七歲的時候還是狀況依舊。這樣下去可能到他念大學了情況都不會有所改變。我當時想：「難道我是想要這樣才生孩子的嗎？」因為無法把寶貴的時光跟孩子一同分享，所以我內心感到非常悲傷。

因此，從去年開始我就果斷地把上班時間縮短了。我跟公司協調只在上午去公司三個小時就好。要做出這樣的決定其實相當不容易，畢竟不管怎樣，跟長時間工作的人相比，對我而言都會有比較負面的影響。儘管如此，這也是沒辦法的事情。人生畢竟只能活一次，我不想要再囫圇吞棗、食不知味地過日子了。我很確定如果繼續這樣下去，死前一定會後悔自己怎麼沒有多花時間陪陪孩子。

於是這樣的我，在過了九年之後，再次重新回到孩子的身邊。

我終於可以在學校門口等孩子放學了。我也成為可以在早晨為孩子準備熱騰騰早餐的媽媽了。孩子真的是無可取代地惹人疼愛，我完全沉浸在幸福當中。

但是，啊哈哈哈哈！怎麼才過一個月，一切就變得一點都不快樂了！每到晚上十點，我就開始想著：「他們終於寫完作業了！今天怎麼才星期二啊？」我又再次回到這種狀態。這樣的日子比我全職上班的時候還要更令人感到枯燥乏味。

孩子光是嘟嘟囔囔地想要我去聽他們講自己的事情，對於我說的話卻總是左耳進右耳出；大吼大叫、跑來跑去，整天長時間跟他們相處下來，我碎念的次數早就超過一百句。整理打掃家裡已經是沒完沒了，結果一回頭，孩子又把家裡搞得一團亂。我真心覺得這簡直就是自討苦吃。

還不只這樣，真正折磨我的還有別的。我不僅無法好好享受所謂的夢幻般的寶貴時光，而且還覺得自己變成一個跟不上時代的人。「大家都說這是很有福氣的時光，都說應該好好享受，可是為什麼我卻快樂不起來？是我很奇怪嗎？是不是我的能力比不上別人？」

我因為覺得自己好像在白費時間而感到焦慮不安，後來就變得很憂鬱。「明明大家都歌頌說這段時光是最幸福的，我卻把它搞得好像在交差了事一樣。我為什麼會變成這個樣子啊？我該不會真的是缺乏母愛的媽媽吧？」我當時這樣想。

不過另一方面我也會這樣想：「是我太過執著於強求幸福了嗎？照顧小孩的時光，不管哪個媽媽都不會覺得有多幸福，這本來就是很難感到幸福的時期啊！長輩們是不是太多管閒事了點？他們該不會把自己那時候的記憶都美化了吧？」

我就像這樣自我安慰著，但莫名地總覺得內心不舒坦。免不了又會這樣想：「照顧孩子的時候卻感受不到幸福，不管怎麼看，我鐵定就是個奇怪的人吧？」

就在我陷入自我質疑的時候，我倏地回憶起一段過去的日子。那是我剛上大學一年級的新生時期。當時每一個看到我的學長姐都這樣問我：

「妳最近都在玩什麼啊？有交男朋友嗎？還是有在培養什麼興趣嗎？」

「呃……這個嘛，我什麼都沒做耶！」

「欸，我說妳也真是的，現在是最好的時機啊！妳到底在幹嘛？再怎麼想睡覺也要盡情玩一波啊！再過兩年，地獄生活就要開始了啦！現在這時間可是最寶貴的啊！」

就連那個時候我也都覺得自己好像是個無法感受到幸福的人。雖然人生中也沒有發生什麼特別不幸的事情，可是這樣讓時間徒然流逝的感覺，總是讓我對生活感到很不滿足。

當我想起那段日子時，我就好像稍微明白了什麼。回過頭來看看，其實當時那些學長姐們幾乎沒有人真的實際上過著快活的日子。我們自己也是一樣嘛！看著現在二十歲出頭的年輕人就會忍不住覺得：「唉呦～真的是美好的時光耶！」不管是誰，多多少少都曾有過那段一團混亂的二十歲時光。

既然如此，所謂「孩子還小的時候是我們人生中最幸福的時光」這句話，似乎也只不過是人們隨口說出來的話罷了。為此，我去查了一下相關的資料，果不其然，真的是這樣。

這是一份針對世界各國的人們對於生活滿意度的調查結果。三十到四十歲的人對於生活滿意度是最低的。根據資料顯示，從三十歲上半期開始往後推二十年，人們的幸福感幾乎降到谷底。這個年齡層的人大部分都正在撫養小孩。因此，那個年紀「感到辛苦」是一個全球性的現象。

也有人提出疑問，三十到四十歲之所以會覺得辛苦，也許並不是因為育兒造成的，而是因為這是「該做的事情最多的時期」才會如此？問得很好。那麼請看看下一個研究結果。這是以二〇一二年的韓國、日本、中國的男女為對象而進行的生活滿意度調查。調查數據顯示，養育十二歲以下孩子的韓國女性和日本女性對生活的滿意度，明顯低於沒有孩子的女性們。

各位覺得如何呢？是的，我們並不是落伍的人，也並不奇怪。我們也不是因為缺乏母愛而無法享受這個時期。「愛孩子」跟「享受養孩子」這根本是兩個不同的命題。就像我們雖然愛父母，但是照護父母又是完全不同的事情。

因為養育孩子倍感煎熬而產生的罪惡感，請大家就不要一直放在腦海中了。

等到未來我們再次回想，會覺得自己那時真的已經付出全力了，想必到那時候自己也會感到心滿意足。

所以說啊，現在各位即使不覺得育兒很幸福，也是沒有關係的啦！

讓心情安穩的第一步，找出現階段讓自己感到煎熬的事物！

從現在開始，我們可以「馬上」就變得很心安喔！不是在一個月或幾年後，而是此時此刻。請試著把日常生活中每一樣東西都思考一輪看看。大家想像一下，我就坐在你對面的椅子上，而你則舒適地坐在沙發上，就這樣來回答問題。

你幾點起床呢？
起床後最先做的事情是什麼呢？
做那件事情的當下有什麼樣的感覺呢？
有沒有方法能讓自己心情變更好來開始新的一天呢？
早餐是由誰準備的呢？

你早餐吃了什麼呢？
準備早餐要花掉你多少時間呢？
有沒有方法能讓早餐時光比現在更愉快呢？

一天當中什麼時段最忙碌？
一天當中什麼時段最疲憊？
請回想一天當中發脾氣的每一個瞬間。
如果一天當中有感到煩躁的時刻，請問是因為什麼（或誰）造成的呢？

你最該做的家事是什麼呢？
有沒有不做也無妨的家事呢？或者是否有能更換的家事呢？

孩子們幾點睡覺呢？
你幾點睡覺呢？
若有空閒時間你在做些什麼呢？

有沒有方法能讓一天結束得稍微開心一點呢？

一週當中星期幾最讓你感到辛苦呢？
一個月當中最讓你感到辛苦的期間是什麼時候呢？
一年當中什麼時候最讓你感到辛苦呢？
光是看著月曆就覺得很有壓力的日子，或最讓你有壓力的事件是什麼呢？

最讓你感到煎熬的人是誰呢？
那個人通常在何時讓你感到煎熬呢？
那個人可能是基於什麼原因而如此折磨你呢？
有什麼原因讓你無法切斷和那人的關係嗎？

是否懷有對於未來感到不安的想法呢？
是否有光是想到就覺得很鬱悶的煩惱呢？
是否有很想做卻無法做的事情呢？

我先問到這裡就好。各位是否找出了那些讓你感到煎熬的事情呢？是不是有人很難具體地找出來呢？我把我寫在日記本中的一部分內容說給各位聽好了。希望能幫助各位整理一下思緒。

我會對孩子發脾氣的時候

1. 當他們早上六點進我房間把我弄醒的時候
2. 當他們在家裡奔跑的時候
3. 當他們發出很吵鬧的聲音或鬧脾氣的時候
4. 當他們不吃飯的時候
5. 當他們吃飯吃到一半亂跑的時候
6. 當他們讓碗裡的食物流出來的時候，或把湯匙筷子弄到地上的時候
7. 當他們在吃飯時間問些莫名其妙的問題的時候（通常是算數問題）
8. 當他們調皮搗蛋的時候
9. 當他們兄弟彼此吵架的時候
10. 當已經很晚了，他們卻還不想睡覺、不肯進房間的時候

11. 當我生病且很疲倦的時候
12. 當先生值夜班，我必須獨自照顧孩子的時候
13. 當我跟孩子承受跟我們無關的外來壓力的時候

現在請各位把前面問題的答案寫在紙上。想必各位會體悟到，許多看似再理所當然不過的日常生活瞬間，正在一點一滴地啃食著我們。此外，這些狀況是否能改變，這又是另一個問題。

那麼現在開始，請跟著我一起來一一整理好嗎？

正面迎擊生活家務事，就是能擺脫煩躁日常的最好方法！

通常想要擺脫日常生活的煩躁感時，很多人都會選擇出門去旅行。會用「擺脫」這兩個字來表達，意思就是感覺日常生活宛如監獄。我曾經也是如此。當時非常想要離開家，可以說是極度渴望的那種程度。我曾經在某個週五下午，基於衝動而買了當天晚上去釜山的車票，然後硬是要求我們全家人包括年幼的孩子都在半夜來到釜山。

但是，這樣並不是擺脫，只是暫時外出罷了。之後再次回到生活時，內心反而感覺更煎熬，這是我自己在旅行之後往往得要承受的後遺症。明明上班上得好好的，但我就是會突然很想直接辭職不幹。可以畢竟還是要賺錢啊！所以只好再次邁開雙腳回到日常生活中。那真的是相當遙遠的一段距離啊！一旦外出旅行一次，回來後好像至少要花上一個月的努力，內心才能再次跟生活接上軌道。

一段時間過去之後，日子變得稍微好過一點了，但心中又一直有種不知名的鬱悶感。所以我開始規劃了新的旅程。可能是對旅行上癮了吧，也可能是當我越擺脫日常生活時，我就似乎越渴望這種脫離的感覺。

不過，當這些狀況變得越加頻繁時，人就會開始想要放棄工作，只想要玩。想說反正光靠先生賺錢也足夠生活，那乾脆帶孩子出國幾個月好了。而且還想著要是能重新出生在有錢人家該有多好，搞到後來就連忠厚老實的父親也被我的抱怨惹怒了。「唉喔！妳真的是瘋了欸！妳清醒一點好不好！」

「遠離日常生活」並不是擺脫的方法。我們又不是中了彩券，而是「現在」必須過生活啊！反而還會因為離家遠行的關係，而出現一堆沒做完的日常家務事，這樣一來只會讓狀況更加惡化，讓生活的擔子變得更加沉重罷了。

如果真的很想擺脫日常生活，那麼就得跟日常生活正面對決，積極地把事情解決掉，這才是答案。我現在回家後都會先整理家務事，如此一來就可以減少日常生活的重擔。接下來我想告訴各位「真正」能擺脫日常家務事的方法。

各位只需要整理兩樣東西就可以了。第一是空間，第二就是待辦事項（To Do List）。我們現在就來一一瞭解看看吧！

1. 空間

請各位去買四個大約一百公升的垃圾袋。然後把視線內看不到的東西通通丟進垃圾袋裡。

你們問我為什麼要把看不到的東西丟掉嗎？因為眼睛能看到的東西就是現在最常使用的東西。為了讓這些平常會用到的東西能整齊地放進收納空間，減少整理的時間與力氣，那麼就要先把衣櫃和抽屜裡用不到的東西（看不到的東西）清理掉才可以。

首先從衣櫃開始清空。每次換季的時候，整理衣櫃本來就是該做的日常家務事之一，對吧？我的衣服沒有多到放不進衣櫃，所以我甚至不需要分季節把衣服搬來搬去，只要按照各季的衣服放進衣櫃裡排列好就行了。冬天的衣服放在左邊第一個櫃子，春天的衣服放第二個衣櫃，夏天的衣服放第三個衣櫃……我是用這樣的模式來整理。

取捨時請把握「要清空到剩下原本的三分之一」的原則。還有一個重點，那就是：先把最貴而且幾乎穿不到的衣服丟掉。這個動作先做，後面丟棄的速度就會變得很快。只需要保留跟朋友一個月見一次面時會穿到的衣服就可以了。但如果連在跟朋友見面時，你都會猶豫到底該不該穿那件衣服，表示在平常穿出門更會讓你感到不好意思，這種會讓你自信大打折扣的衣服就請直接丟掉吧！

過期的化妝品和保養品也請丟掉。一個月以上都沒用到的口紅？丟了吧！試用包也都可以丟了，反正你還會再拿到新的。不會每天用到的化妝品也全都丟了吧！太特殊的顏色其實並不適合。各位的化妝經驗應該也都超過十年了吧？所以只留下化在自己臉上最好看的色號即可。

那麼現在我們移動到孩子的房間看看吧！孩子再也不玩的玩具、聲音太吵吵到讓你受不了的玩具、很難（或懶得）跟孩子一起玩的玩具，請丟掉。會危害到自己精神健康的東西請全部清除掉吧！

客廳裡的書總是在家裡到處流浪嗎？那表示書櫃不夠用了，請將書櫃清出空間來。有每次在使用吸塵器時都必須搬動的物品嗎？有在擦地板的時候讓你覺得很礙眼的物品嗎？請立刻把這些丟掉。在平常就應該要清理的物品中，把那些不需要的東西全都清掉就可以了。這樣做起家事來就會輕鬆許多。

廁所也請清理一下（雖然整理廁所真的很麻煩）。只需留下洗澡用和洗頭髮用的這兩樣東西就好。把洗手台上本來的固體肥皂改成液態肥皂，這樣就不需要用到肥皂盒了。馬桶刷也丟掉吧！在清洗馬桶的時候，只需要用衛生紙擦拭，然後用水沖一沖，這樣就可以了。為了放置馬桶刷，廁所整體看起來會更加凌亂。

該清理掉的東西稍微少一點了嗎？很好。藉由這次機會，請檢視一下日常生活環境中有哪些東西會令自己感到煩躁，然後暢快地把那些都換掉吧！

跟各位說句坦白話，我就算丟滿了四個一百公升的大垃圾袋，其實還是一點都看不出來有丟掉些什麼。我這個過程反覆做了三次，大概丟了一千五百公升的東西。這麼做了之後，才能讓滿到外面來的東西消失。不過當各位先丟了四百公升的雜物之後，「整理之神」就會上身了。這個整理之神會帶領各位把家裡整理到再也沒有可丟掉的東西為止。

請相信我吧！各位只需要先去商店買四個一百公升的垃圾袋就行了。

2.待辦事項（To Do List）

我曾經有一段時間做家務事做到上癮。我那時天天洗衣服，週末的三餐也費盡心思，甚至連給孩子吃的餅乾和麵包也都自己親手做。不過現在的我，已經把洗衣服的次數降低為一週兩到三次，也常常叫外賣來吃，還把孩子們的跆拳道課都停止了，因為我覺得帶他們去上課很麻煩的關係。（呃哈哈哈！孩子們不好意思哪！）

雖然這樣變得方便許多，可是卻突然覺得日常生活好吃力。到底為什麼會這樣？我覺得很鬱悶。我想可能還是因為做了太多事情吧？當我跟同事說我家每個週末都會把床單拿去洗一次的時候，他們的反應都是「呃～你們家怎麼這麼常洗床單啊？這樣妳當然很累啊！」

我想各位可能也都有這種「做得過多」的事情。當各位一次把這些待辦事項全都寫出來之後，可以試著暫時把跟生存沒有直接關聯的事情先放在一邊。有人把大人和小孩的衣服分開來洗的嗎？其實不這麼做也沒關係的。我是還沒看過有哪個小孩因為被爸爸襪子上的細菌傳染而死掉的案例。

此外，能減少待辦事項清單的另一個方法就是「把那件事處理掉」。這個週末就挑戰看看把累積了幾個禮拜的事情全都做完吧！把換季的衣服送去乾洗、更換車子的過濾器和雨刷、還有清理沙發等等。

各位覺得怎麼樣呢？光是用想的，內心就感到輕鬆不少，不是嗎？我期盼各位真的能盡情享受擺脫家務事的離家之旅。

就算不去遠方旅行也沒關係！當下的「感受」比去哪裡更重要

家裡有年幼的孩子時，出門旅行最困難了。就算是近一點的地方，也是想都不敢想。不過即使如此，大家還是努力把孩子帶出門了。畢竟陪伴在孩子身邊的時光很短暫，如果不趁現在去做，那要到何時才能創造出跟孩子間的回憶呢？

碧綠色的大海、蔚藍的天空，在紅色小船中快樂地笑著搖槳的一家人……光是用想像的就讓人覺得好幸福喔！正好這時孩子從幼稚園放學回家，他用那張可愛的臉跟你撒嬌著說誰誰誰去了哪裡玩，我們家可不可以也去玩之類的。「好啊！人生有什麼大不了的？走吧！孩子們！」

終於來到要去旅行的日子了。雖然我早在兩天前就已經放棄期待這會是一場開心的旅程，但整個過程真的讓我開始思考這樣是不是有點太過分。我不管去哪裡，都無法等待超過五分鐘，真的不耐煩到爆炸。沉重的行李、緊湊的行程，這些都讓我完全無法提起精神，更何況孩子還東跑西跳，到處跌跌撞撞。

「也許抵達目的地之後就會是天國吧……」即使處於令人感到絕望的情境，但我還是沒有放棄希望，一直在忍耐。可是，到頭來這場夢終究無法達成。考量孩子還小，我已經盡量把觀光的行程縮減到最少，但一去到室外，孩子們就一直問說什麼時候可以回房間。天氣很炎熱，讓孩子煩躁不堪，所以他們連二十公尺遠的路都走不了。「欸欸你們看這個～」不管我再怎麼誘使他們，他們還是只會說「媽媽～我們什麼時候回房間啦？我想去游泳池！」

「好吧，原來我真的大錯特錯了！」於是下次我就規劃了一場在大自然中的旅行。呵呵呵。其實我家孩子對大自然根本沒有任何興趣，他們對於四周的景色連看都不看一眼。不管去哪裡，他們都只會把小石頭、樹枝和螞蟻抓來玩。不管帶他們去哪個海邊，他們也都只會玩沙。始終如一。

就這樣過了幾年後，我終於了解，原來對孩子而言，去游泳池游泳就等於是旅行了，玩沙也等於是旅行了啊！我甚至想：「那這樣我只要週末帶他們去游泳池、去遊樂場玩沙子不就好了嗎？畢竟要帶著孩子長途移動實在很累人啊！而且晚上睡其他地方也睡不好。」但是我又覺得這種想法似乎太過分，所以就甩甩頭，把這種念頭甩掉了。

直到後來某一天，我們去旅行回來之後，我忽然覺得我們的家看起來好大好舒適。「我何必要待在小小的飯店裡受苦啊？」我不由自主地從口中說出了這句話。而且出門一趟回來後，該要處理的事情也堆積如山。從那天起，我跟先生就約好暫時先不要去旅行了。

我們這樣過了半年之後，對於旅行的慾望幾乎完全消失了。在這之前，每次聽到身旁有人去旅行回來的故事，我的內心總會搖擺好一陣子，甚至會對於自己無法馬上去旅行的現況感到埋怨。但很神奇的是，我最近完全沒有這種感覺。

可能是因為在家的日子變得更安穩的關係吧！我不想要打亂這樣的日常生活模式。在安穩當中感受到的微小快樂，跟「讓人心跳加速、卻必須很累人地脫離日常生活」相比，我覺得前者比較適合我的家庭。

不需要為了帶給孩子一段美好的回憶而硬是跑去很遠的地方。因為孩子最後記得的只是這趟旅行帶給他們的感受。只要孩子覺得快樂，不管那是地球上的哪裡都無所謂。不論是誰，都會希望能發現一處可以讓自己覺得舒服、能愉快地笑著的地方。但說不定這樣的地方就在我們生活的日常當中呢！

切斷折磨自己的人際關係，把愛留給寶貴的人！

人生中最珍貴的東西是什麼？請各位試著想一想。

要進入夢鄉之前，會讓自己說出「啊！今天真是幸福的一天啊！」的那種理想日子，請各位試著描繪看看。

那樣的一天是跟誰一起度過的呢？

你說是自己獨自一人度過的嗎？

呵呵呵，我無法同意你更多。

但畢竟永遠單獨一個人生活會讓人覺得很孤單，所以請各位再想想看其他的日子。會想要跟誰一起過生活呢？讓我感到幸福的人是誰呢？孩子、伴侶，最終想到的都是自己的家人吧。

所謂的幸福，其實並不在遠處。我們已經正在享受幸福了。然而各位現在覺得幸福嗎？我們有跟寶貴的人、珍惜的人一起充分地享受時光嗎？不知怎麼的，我們總是會因為一些無關緊要的事情對家人大發脾氣。外在的壓力、擔心、憂慮等等，這些都會阻礙我們表現出內心深處的愛。

既然如此，我們就來解決這個問題吧！把會耗盡我們精力且令人感到擔憂的東西全都去除掉。請各位思考看看最令你感到煎熬、費力的人事物是什麼？

那傢伙！那混蛋！各位的心中浮現出那個人了嗎？好的。壓力的最高峰其實就是「人際關係」。我們因為人際上的紛擾而消耗掉的精神能量，真的是無法言喻地龐大。可是從另一方面來說，這也可能反而是很容易消除掉的壓力。換工作或更換生活空間，都需要耗費很長的時間和費用，但是「人際關係」這個問題則是我們馬上就能解決的。只要切斷關係就行了嘛！

聽到這裡，我相信一定有人會噗哧一笑。沒錯，因為我們跟那個人之間可能存在無法切斷的緣份和各種點點滴滴。就是因為這樣，才會讓我們即使感到煎熬卻依然忍耐到現在。那個人可能是自己的父母、伴侶的父母、自己的頂頭上司，也可能是自己要好的朋友。

我也是這樣。即便從對方身上承受非常龐大的壓力，但因為那個人是我親近的人，所以我並不想打壞關係，覺得只要忍耐住就可以了吧？所以一直以來都無法好好整理這段關係，而是按照對方想要的樣子來配合對方。

然而，對方的要求沒完沒了，搞得我快要筋疲力盡。反正我無論如何都無法滿足對方想要的，那就以這個狀態繼續下去吧！結果對方就因此教訓我一頓：「你這樣真的很無情欸！你這樣還算是個人嗎？你懂不懂禮貌啊？你已經盡到自己的本分了嗎？」

就這樣我硬撐了好幾年，直到出現能回顧我人生的機會。「我無法再這樣生活下去了。我已經失去了活到明天的理由。」那是我完全被壓垮的某一天。因為某些人的緣故，讓我無法對珍愛的人們展露笑顏，這樣我根本就沒有活下去的理由啊！我都已經煎熬到快要死掉了，還有什麼事情是做不到的？所以那天之後，我就把讓我感到煎熬的人際關係切斷了。我退出手機群組、切斷因為義務而來的電話、推掉要跟我見面的邀約。

剛開始的時候我還會有點擔心，想說這樣真的可以嗎？但是做了之後才發現明明就是這麼簡單的事情，自己那段時間為什麼要如此受折磨呢？覺得挺後悔的。因此我在切斷後一點都不覺得可惜。

之所以會這麼說，是因為那個人對我的人生並非真的很重要。他也不是喜歡我或我喜歡的人。如果真要計較起來，其實那個人在那段期間裡也不曾好好對待過我。也就是說，往後這個人對我的人生其實一點幫助都沒有。所以就算跟他斷絕往來也沒有關係。

如此把人際關係整頓一番之後，我的內心真的變得非常平靜。那些沒來由地對家人發脾氣的日子就此消失了。

那些曾有過的扭曲的人際關係，給我帶來巨大的壓力，蠶食鯨吞了我的精力，才導致我當時變成那副德行。我希望大家都能從這樣的枷鎖當中脫離出來，不要再因為別人而傷害到心愛的孩子和伴侶了。

當然要做到這種程度並不容易。如果斷然切斷某些人際關係，對方可能也會滿自責的吧！如果對方是那種沒血沒淚的冷血動物，也可能會反過來責罵你吧！但請別動搖！我們這時候稍微當個壞人也沒關係。畢竟那個人已經折磨我們很長一段時間了啊！這次讓他稍微因為我們感到內心煎熬，又有什麼大不了的呢？

切斷關係之後也沒發生什麼特別的事。反倒是在我跟對方保持距離之後，對方就突然變得有禮貌了。人真的很奇妙，對他好的時候就對自己很隨便，等到對他強硬起來時，才開始振作精神。當然我們也可能又被對方這種態度矇騙而接納了對方，然後對方就再次回到本來的面貌，又開始折磨我們。

人是不會輕易改變的。所以請乾脆一點把人際關係整理乾淨吧！現在大家只要考量到自己和家人就好。我會為各位加油，希望各位都能跟心愛的人過著幸福的日子。

每天為了該不該辭職而掙扎！我到底要不要去上班呢？

我自己在大學畢業之後，有整整超過十四年都持續在職場工作。這期間當中想遞辭呈的瞬間大概也超過七百次吧！每個禮拜只要到了週一，就會出現「我不幹了」的念頭。一年有五十二週，這樣算下來真的是超過七百次對吧？嘻嘻嘻。

坦白來說，腦中浮現「我不想幹了」的次數應該超過一千次。因為在生完孩子後，我一天之內就有好幾次內心動搖。這樣的心情持續了十年之久，那是一段我在工作和育兒的大風大浪中驚慌失措的時期。

當你正準備去上班的時候，孩子邊哭邊跟在身後喊著說：「馬麻不要走～跟我玩！你不要去上班～」自己只能勉強把孩子拉開，轉身就走，不讓一滴眼淚流出來。你也是這樣的媽媽嗎？在那樣的日子裡，我都會想：「我現在到底在做什麼？我到底是為了什麼而過這樣的生活？」整天都在想著乾脆辭職算了。

那真的是一段非常痛苦的日子。可是即使如此，我也無法就這樣放下工作。一來因為必須賺錢，二來不管喜不喜歡，工作仍舊是我人生中的一部分。因此很難輕易地做出決定。

然而，因為「工作是我人生中的一部分」這理由，「我VS孩子」形成了對抗的局面。我拋棄了「孩子」而選擇了「我」，這想法也讓我的內心充滿罪惡感。「事情變成這個樣子，你還敢說這個世界上最重要的是孩子嗎？偽善者！」總覺得好像會被人如此非難。

可是，一想到如果現在離職，可能一輩子都無法再回來了，我就感到相當不安。就算之後能回職場上班，自己的條件也可能比不上別人，或不利於從事那份工作了。諸如此類的擔憂讓我無法放棄工作。

從另一方面來說，「我辭職真的是為了孩子嗎？」我自己也無法確定這個問題的答案是什麼。我也曾經請過一個月的育兒假，但只要一想起當時我從孩子身上承受的壓力，以及我對孩子的嘮叨，我就覺得好像去外面上班還好一點。

連先生也過來勸我。「妳又要照顧孩子，又要做家事，這樣好像會更容易對我發脾氣耶！我喜歡現在妳去上班的這種狀態。妳就繼續去上班好嗎？噢喔，光是用想的就覺得好可怕喔！（等等，看這女人的表情，難道我說錯話了嗎？）啊沒有沒有，哈哈哈，無論何時，妳說的話我都會真心接受啦！我有這樣的信心。如果妳想辭職，隨時都可以啦！沒關係的。」我先生很真誠地這樣跟我說。

我先生說的沒錯。在對育兒沒有信心的狀況下，又放棄職場生活，這樣會更危險。「我對孩子來說真的是一個好媽媽嗎？該不會是因為我適應不良，所以才會一直對孩子發脾氣吧？」我一邊懷抱著這個也做不好、那個也做不好的想法，默默地時間就這樣白白流逝了。

然而，經過一段等待之後，答案真的出現了。

「以後就算不上班了，又會怎麼樣呢？沒關係吧！我之前為什麼都無法放下工作呢？」在我瘋狂地想要親自照顧孩子的時候，我這樣對自己說著，然後對工作的不捨就在那瞬間完全消失得無影無蹤。這樣的時刻終於來臨了。很神奇耶！我果敢地減少了上班時間，沒有任何困擾。

如今回過頭來看看，覺得我能撐到那時候，真的是很了不起！在那之前，我每次回家時都得這樣想：「我做的一切選擇都是為了孩子！」因此每當孩子不聽話、耍脾氣的時候，我內心就會感到非常非常鬱悶且受傷。

「都是為了你，我才如此犧牲的。」我可能也很想把這個擔子放在孩子身上吧！所以後來能這樣放下，真的是萬幸啊！

是「我自己」想要減少上班時間的；是「我自己」想要親自照顧孩子的。因為是我自己做出選擇的，所以不會有任何後悔。只要順著自己的心意走，那就是正確答案。

不過就算是這樣，在孩子小的時候沒辦法陪伴的部分，是不是會感到有些後悔呢？嗯……我現在不會這樣想了。畢竟我並沒有兩副身軀，所以不得不在職場和家庭當中做出選擇。我已經全力以赴了，對於無可奈何的事情感到後悔，又有什麼幫助呢？

另一方面來說，如果我有女兒，我也會覺得讓她去上班是件好事。在有這個想法的同時，我瞬間體會到：「原來我的媽媽也是這樣想的啊！」正因如此，我媽媽才會教導我，並鼓勵我好好唸書的啊！我完成了我母親的期待，而我的子女則完成了我的期待，命運就是如此達成的，又有什麼需要感到抱歉的呢？

如果以後我的孩子去上班，那時我也會幫他照顧我的孫子。這樣的人生我一點也不會感到後悔。

請各位現在就把擔心和罪惡感放下來吧！我們只要好好度過上天賦予我們的人生就可以了。請耐心等待，適當的時機一定會來臨的。

將這篇文章獻給為了到底該不該去上班而輾轉難眠的各位媽媽們。

我的個人成長就算晚了點也沒關係！

我在二十幾歲的時候，對很多事物都很有企圖心，也為了想要超越別人而快速奔跑。我對自己能這樣努力生活很有信心。我當時的夢想有多大呢？大到我自以為可以走跳整個世界。

等到年紀大了點之後，才開始逐漸瞭解自己的能力到哪裡。雖然每次認清現實之後，都會覺得有些退卻，但還是會認為只要我夠努力，不知不覺也能跟自我實現勾上邊吧？因此我從來沒有失去過希望。

然而時間流逝，我結婚生子了。雖然這也是我非常期盼的事情，但跟我所期盼的人生居然完全不一樣呢！別提什麼自我實現了，我汲汲營營地為了過生活而忙碌。之後某個瞬間，我覺悟到我已經把「我自己」推到非常非常後面了。要照顧先生，還要養育孩子，我已經把所有的時間和努力都用在這些事情上面。

「我只能像這樣一直落在後頭」，這念頭一直折磨著我。後來我下定決心：「我的人生要由我來打造！我不要再找藉口了！我要再次往前邁進！」

但在現實看來，這只不過是一句空泛的口號。沒有時間就是真的沒有時間。跟沒有孩子的時候相比，現在時間都只剩下一半，甚至還剩不到本來的三分之一。唉，真的很讓人難過。就算我有超能力，但是時間就是不夠用。這樣怎麼能做到比以前多三、四倍的事情呢？我光是照顧孩子都無法集中精神了，體力更是直線下滑到谷底，後來迫不得已，我只能用比別人慢三倍的速度前進。

但是，我的企圖心並沒有被削減到只剩下三分之一啊！我有多麼焦急又煩悶啊！因為不想光是癱坐在地，所以我各種方法都嘗試過。

我試著摸索全新的事業領域，也交出我的提案；我甚至還曾經把我的履歷寄給沒有刊登徵人資訊的企業。說不定這家公司會需要精神科醫師？那可是一家資訊科技產業公司呢！

還有出版社要求我提供我寫的書，所以我寄出了一百二十頁寫得滿滿的A4紙張。啊，怕各位會感到混淆，所以我再說明一下，這本書是我的第一本出版作品沒錯喔！我當時的用字太過艱深，各位看了可能會睡著吧！反正我當時寄給了二十家出版社，結果全部都被退件啦！哈哈！

沒有一件事情是順利的，我覺得自己好像正在走一條沒有盡頭的地道。我當時感到非常鬱悶而且怨天尤人。「為什麼只有我必須停留在『媽媽』這個稱謂呢？孩子的爸爸呢？孩子的爸爸到底在幹嘛？為什麼他就沒有停下來呢？」那段期間我經常對著沒犯錯的先生大發脾氣。

就這樣十年過去了。「人絕對沒辦法同時做到所有的事情。」我終於接受了這樣的事實。養育孩子這件事其實很困難，光是把所有的力氣都用在這裡也不夠，哪有可能還同時用在其他事情上呢？（我在寫這本書的時候，養育孩子的事情全都變成一團亂，這個也不是祕密啦！）

孩子還小的時候，會這樣真的是無可奈何的。自己心裡其實也無法裝載更多別的事物，媽媽的精力不得不只能用在孩子身上了。所以這樣看下來，就會覺得自己的成長速度好像已經停滯。

然而，我們的成長並非真的停滯了，只不過是成長的箭頭方向本來朝上，如今變成朝向旁邊而已。而且那個速度還是飛快得驚人！我們因為孩子而展開的人生廣度，變得多麼寬廣啊！比起單身的時候還要寬廣十倍呢！我們正在經歷完全不一樣的世界啊！

各位就算在不同的領域中來來回回，也是沒有關係的。反正最近人類的平均壽命有八十歲嘛！那麼快抵達目的地要做什麼呢？如果剩下的時間讓你覺得很無聊，又該怎麼辦呢？而且再怎麼說，緩慢行走的期間頂多也只有十年喔！相較於八十年的人生，這十年其實也不算是很長的時間。往後未來的三十到四十年當中，再來專心做自己想做的事情就可以啦！

我完全不會因為「享受當下！」這句話而感到悲傷或焦急。「我是因為有孩子才無法享受這瞬間啊！」也請各位不要這樣想。請好好分析這句話，這句話的本意是要人們「在現在這瞬間全力以赴！」

我們現在該進行的課題就是「育兒」。如果努力去做，我們在這個瞬間就已經全力以赴了。等到孩子長大，不再需要母親的援手時，我們就可以進入下一個課題。到那時候再來專注在「自我成長」上吧！

請各位如此享受人生。

有人擔心那樣的日子永遠不會到來嗎？唉呀，你就當成被騙一次，暫且相信我說的話吧！反正現在我們也沒別的方法可行嘛！相信也不會有什麼損失。等到老么都上小學之後，路自然就會為你而開了。我說真的啦！

即使不完美也沒關係

到這裡我已經把話都說完了。各位覺得怎麼樣呢？內心有稍微舒坦了嗎？有產生可以成為好爸媽的自信了嗎？

所謂的「好爸媽」，到底是什麼呢？是高尚又知性的父母，或是情感豐富的父母，還是很會自我管理的老實父母……

成為孩子心目中的好爸媽，這是任何人都期盼的希望。不一定要受所有人尊敬，但大家都希望至少不要成為讓人覺得丟臉的父母親。所以就有很多父母為了能具備上述這些美德，付出了各種有的沒有的努力，因此吃了許多苦頭。

有些父母講著跟本性不合的高雅言語，也有的父母為了孩子而重新學習外語。明明泡麵就是這個世界上自己最喜歡的食物，卻要在孩子面前說：「那是垃圾食物！」也有如此隱藏自己內心的父母。自己小的時候家裡電視都是開整天的，卻要在孩子面前裝作自己一輩子都沒看過電視的樣子，也有這種演技派的父母。明明是自己的孩子，卻還要在孩子最討人厭的時候硬是對他擠出笑容，也有這種修煉精神力的父母。

不過，人怎麼可能一直都保持這個狀態呢？有些時候就是會冒出自己平常慣用的語氣，不經意地說出粗話；嫌準備三餐很麻煩的時候，也會迅速泡個杯麵給孩子吃啊！有時候也會在孩子鬧個不停的時候索性把電視打開給他看，一切就隨他去吧！「啊你真的是夠了！」也一定會有這種對孩子大呼小叫的時候嘛！

這樣做之後會怎麼樣呢？我們在睡覺前又要開始自我懺悔了。「我真的是個垃圾！還說當什麼模範父母！為什麼我只能做到這種程度啊？我甚至連對孩子嘮叨的資格都沒有欸！」

但是，各位在被愧疚感淹沒之前，請稍等一下。

各位請稍微喚回對自己父母的記憶吧！他們難道就很完美嗎？

他們難道是那種離電視遠遠的，整天只跟書本做朋友的賢人嗎？

每當我們想要玩而跑向父母時，他們難道都能立刻張開雙臂歡迎我們，當個勁量電池嗎？

我們的父母有豎起耳朵聽我們講的故事、真誠地表達認同嗎？

即使他們再怎麼生氣，也都沒有被壞情緒影響，總是當個慈悲為懷、寬容大量的聖人嗎？

各位難道從來沒有因著父母而受傷嗎？那些讓你感到畏縮的記憶呢？

「為什麼都已經是大人了，卻還是這麼幼稚呢？」各位難道不曾有過這種鬱悶的心情嗎？

是的，我們的父母並不是完美的人。即使如此，他們還是把我們好好地撫養長大了。而且我們反而會把父母的缺點當成一個教訓，藉此警惕自己要成為更好的人，不是嗎？就算有些事情現在各位還無法克服，但「有哪些事情是為人父母不該做的？」各位都正在漸漸體會並持續成長中。

人家都說孩子會學習，他們看到父母的優點時會模仿，看到父母的缺點時則會想：「我以後一定不要這樣！」所以，我們就算無法成為全方位的模範父孩子以後也會成為比我們更好的大人。

不完美也沒關係的。沒有必要為了配合別人定下的標準而過得那麼艱辛。父母首先要過得舒服，孩子才會跟著好好長大。而且人們不太會對完美的人產生情感喔！人要有些缺陷才會有魅力嘛！這樣孩子才會比較想要跟你親近。所以從今天開始，請稍微放鬆一點吧！

我對於相信我並把這本書看到底的各位獻上真心感謝。

不論是今天或明天，都祝福各位能度過安穩的日子！

台灣廣廈 國際出版集團
Taiwan Mansion International Group

國家圖書館出版品預行編目（CIP）資料

放下過度努力！佛系育兒，讓爸媽更輕鬆 / 金真善著；林千惠翻
譯. -- 初版. -- 新北市：台灣廣廈, 2022.05
　面；　公分
ISBN 978-986-130-535-6
1.CST: 育兒 2.CST: 親職教育

428.8　　111001277

放下過度努力！佛系育兒，讓爸媽更輕鬆

從作息、遊戲到教育，不被「標準」束縛，擺脫焦慮、壓力，
0～6歲幼兒的快樂照顧提案！

作　　者／金真善
譯　　者／林千惠

編輯中心編輯長／張秀環・**編輯**／許秀妃
封面設計／曾詩涵・**內頁設計**／林珈伃
內頁排版／菩薩蠻數位文化有限公司
製版・印刷・裝訂／東豪・弼聖・紘億・秉成

行企研發中心總監／陳冠蒨
媒體公關組／陳柔彣
綜合業務組／何欣穎
線上學習中心總監／陳冠蒨
產品企製組／黃雅鈴

發　行　人／江媛珍
法 律 顧 問／第一國際法律事務所 余淑杏律師・北辰著作權事務所 蕭雄淋律師
出　　　版／台灣廣廈
發　　　行／台灣廣廈有聲圖書有限公司
地址：新北市235中和區中山路二段359巷7號2樓
電話：（886）2-2225-5777・傳真：（886）2-2225-8052

代理印務・全球總經銷／知遠文化事業有限公司
地址：新北市222深坑區北深路三段155巷25號5樓
電話：（886）2-2664-8800・傳真：（886）2-2664-8801
郵 政 劃 撥／劃撥帳號：18836722
劃撥戶名：知遠文化事業有限公司（※單次購書金額未達1000元，請另付70元郵資。）

版日期：2022年05月
978-986-130-535-6